U0196658

高等学校土木工程专业系列教材

结构动力学

王　磊　主　编
梁枢果　主　审

中国建筑工业出版社

图书在版编目（CIP）数据

结构动力学/王磊主编. —北京：中国建筑工业出版社，2024.6

高等学校土木工程专业系列教材

ISBN 978-7-112-29858-7

Ⅰ.①结… Ⅱ.①王… Ⅲ.①结构动力学-高等学校-教材 Ⅳ.①O342

中国国家版本馆 CIP 数据核字（2024）第 101423 号

本书内容主要包括单自由度和多自由度体系在确定性荷载下的振动分析，也简要介绍无限自由度和随机振动的一些基本概念，同时设置了建筑结构地震、风振和振动控制等专题内容。本书尽可能简化数学公式的推导，着重讲述物理概念和抽象理论的实际应用，侧重与后续专业课程及实际工程问题的结合。本书适用对象为土木工程专业本科生，主要是建筑工程和桥梁工程方向的本科生，也可作为土木工程行业相关技术人员的学习参考读物。

* * *

责任编辑：辛海丽 吉万旺
责任校对：姜小莲

高等学校土木工程专业系列教材

结构动力学

王 磊 主 编

梁枢果 主 审

*

中国建筑工业出版社出版、发行（北京海淀三里河路 9 号）

各地新华书店、建筑书店经销

霸州市顺浩图文科技发展有限公司制版

建工社（河北）印刷有限公司印刷

*

开本：787 毫米×1092 毫米 1/16 印张：7½ 字数：183 千字

2024 年 6 月第一版 2024 年 6 月第一次印刷

定价：**38.00** 元

ISBN 978-7-112-29858-7

（42791）

前　言

振动是自然界最普遍的运动形式。生活中钟摆的摆动、机器的轰鸣、心脏的跳动、波涛的起伏、风声的呼啸、月亮的圆缺，小到微观世界电子围绕原子核的运动、大到太空天体的绕转运动等都是振动现象。动力学是研究这些动力现象和动力行为的科学，是机械、航空航天、土木水利等领域的重要研究内容。动力学/振动力学研究内容宽泛，包括振动现象的普遍性原理，又包含各种特定对象不同形式的振动问题。本书研究对象主要是土木工程结构的振动问题。

当前，很多高校土木类专业开设了《结构动力学》课程。现有《结构动力学》教材主要为培养研究生编写，这类教材在内容选择和撰写方式上侧重理论的深度和学术能力的培养，用于本科生学习较为困难。现有《振动力学》教材较多，这些教材内容并非针对土木专业，与土木类本科生培养目标有所差异。现有相关本科生教材中，一些《结构力学》教材在末尾章节对结构动力学进行了简单讲述，《建筑结构抗震设计》等教材在开头章节也简介了结构动力学的部分内容。《结构动力学》本科生教材的缺少，给该课程的"教"与"学"带来了极大不便。因此，本书适用对象定位于土木工程专业本科生，主要是建筑工程和桥梁工程方向的本科生。作为本科生教材，本书尽可能简化数学公式的推导，着重讲述物理概念和抽象理论的实际应用，侧重与后续专业课程及实际工程问题的结合。

本书内容主要包括单自由度和多自由度体系在确定性荷载下的振动分析，也简要介绍无限自由度和随机振动的一些基本概念，同时针对土木专业学生设置了建筑结构地震、风振和振动控制等专题。

本书由河南理工大学结构系王磊、力学系张振华和结构系范玉辉编写，其中第 1、2、3、4、6 章由王磊编写，第 5 章由张振华编写，第 7 章由范玉辉编写。研究生张伟、刘伟、朱勇杰、尹伊、石芬、王峥、璩华云、王宇、王子夏、卢静雯在书稿的编排、插图和习题等方面做了大量工作。

武汉大学力学系梁枢果教授审阅了本书的全部手稿，提供了有益的建议。

由于作者水平有限，疏漏和错误之处在所难免，感谢读者批评指正！

主要符号表

A	振幅
$\boldsymbol{a}$	加速度矢量
$[C]$	阻尼矩阵
c	阻尼系数
c_{cr}	临界阻尼系数
c_{ij}	阻尼矩阵中的元素
C_i^*	第 i 振型广义阻尼
$[E]$	单位矩阵
f	自振频率
f_{D}	阻尼力
f_{I}	惯性力
$\boldsymbol{f}$	主动力矢量
$\boldsymbol{f}_{\mathrm{N}}$	约束力矢量
$\boldsymbol{f}_{\mathrm{I}}$	惯性力矢量
f_{S}	弹性恢复力
G	剪切模量，重量
$H(\mathrm{i}\omega)$	频率响应函数
$h(t-\tau)$	脉冲响应函数
$[K]$	刚度矩阵
k	刚度系数，地震系数
K_i^*	第 i 振型广义刚度
k_{ij}	刚度矩阵中的元素
$[M]$	质量矩阵
M_i^*	第 i 振型广义质量
m_{ij}	质量影响系数
m	质量
P	外荷载
P_0	简谐荷载的幅值
$P_{\mathrm{eff}}(t)$	地基运动产生的等效荷载
R_{D}	动力放大系数
S	约束反力，功率谱密度
$S(\omega)$	功率谱密度函数
$S_{\mathrm{a}}(T)$	地震反应谱

TR	传递率
T_g	特征周期
T	结构自振周期
$\{u\}$	位移向量
$u(0)$	初始位移
$\dot{u}(0)$	初始速度
u	位移
u_{st}	等效静位移
$\dot{u}$	速度
$\ddot{u}$	加速度
$\ddot{u}_g$	地基运动的加速度
$\overline{v}$	平均风速
w_0	基本风压
w_k	风荷载标准值
w_i	建筑表面 i 位置的平均风压
$Y_j(x)$	归一化振型函数
α	振动的初相位角
$\alpha(T)$	地震影响系数
α_j	第 j 振型地震影响系数
β_z	高度 z 处的风振系数
$\beta(T)$	动力系数
$\beta_i(T)$	第 i 条地震记录计算所得动力系数
ξ	阻尼比
η_1	动力系数谱曲线斜率调整系数
η_2	动力系数谱曲线阻尼调整系数
γ	动力系数谱曲线衰减指数
ω	圆频率，外荷载频率
ω_n	自振圆频率
ω_n	n 阶自振圆频率
ω_D	阻尼体系自振圆频率
ω/ω_n	频率比
φ	相位角
$\{\phi\}_n$	第 n 阶振型向量
$[\phi]$	振型矩阵
μ	均值
μ_i	i 位置处的风压系数
μ_s	风荷载体型系数
μ_z	风压高度变化系数
τ	时间，时间间隔
δ	柔度系数
Δ_{st}	弹簧伸长量

目　录

第1章

概　述

对土木工程等结构而言，除了承受静力荷载外，还可能承受各种形式的动力荷载。虽然在一般情况下，静力荷载是首先要考虑的，但动力荷载往往是结构破坏的主要原因，动力荷载造成的结构破坏往往是致命的。例如，地震引起高层建筑倒塌；地震引起低矮房屋破坏；风振引起大跨度桥梁破坏；风振引起高耸塔架破坏；海浪作用引起海洋工程结构破坏；飞行器构件长期振动造成疲劳断裂破坏等（图 1-1）。

(a) 高层建筑地震破坏

(b) 低矮房屋地震破坏

(c) 大跨度桥梁风振破坏

(d) 大跨越输电塔风致破坏

(e) 飞机发动机叶片疲劳断裂

(f) 中国“舟山号”海浪发电装置

图 1-1 动力荷载造成的结构破坏

图解与思考

➢ 图 1-1（a）为 1985 年墨西哥震后航拍图，此排原有 5 栋楼房，其中两栋在地震中倒塌。据统计，此次地震中墨西哥 15 层以上的建筑物仅有 6 栋发生破坏，占比很少，你能给出原因吗？

➢ 图 1-1（c）为 1940 年被风吹坏的塔科马大桥，当时风速并不大，仅 8 级左右，你能查阅资料给出破坏原因吗？有什么措施来控制该大桥的振动吗？

➢ 图 1-1（e）为 2021 年波音客机引擎叶片的疲劳断裂，叶片的损坏最终导致发动机爆燃和外部整流环脱落。据统计，飞行器和机械设备大多数故障和破坏是由振动引起。

➢ 图 1-1（f）为中国“舟山号”海浪发电装置。振动带来危害的同时，也存在着有利的一面。茫茫大海的波涛起伏蕴含着巨大的能量，作为一种清洁能源，海浪发电具有极大潜力。

振动除了造成结构破坏外，还会引起舒适度问题。比如，超高层建筑水平风振加速度或楼盖结构竖向加速度过大会造成室内人员的恐慌或不适、大跨度桥梁的振动可能影响车辆行驶安全性和舒适性、人行天桥的人致振动会影响人的行走安全性、城市轨道交通造成的环境振动会影响人们工作及休息舒适度（图 1-2）。

(a) 拆除桅杆前的赛格大厦

(b) 蛇形振动的伏尔加河大桥

(c) 正在通车的虎门大桥

图 1-2 振动引起的舒适度问题

图 解

➢ 图 1-2（a）：2021 年 5 月，赛格大厦出现异常晃动，原因为顶部桅杆风振引发了大楼的振动，2021 年 9 月，大厦顶部桅杆被拆除，大厦恢复运营。

➢ 图 1-2（b）：伏尔加河大桥于 2009 年建成，该大桥在 2010 年 5 月出现“蛇形振动”，并产生巨大噪声，不得不临时封闭。

➢ 图 1-2（c）：虎门大桥于 1997 年 6 月 9 日建成通车，该桥在 2020 年 5 月发生异常振动，不得不进行临时封控。

由于各种各样的结构动力学问题，在结构设计和安全性评价时，结构动力分析往往是十分重要的环节。对一些特定的工程结构，静力计算无法满足工程精度要求，需要进行专门的动力分析。虽然一些结构设计规范将结构动力计算简化为了拟静力计算，但是这些静力计算往往也要涉及结构自振周期和振型等方面的动力分析。

结构动力学研究的主要目的是解决各种各样的结构振动问题，根据求解问题的不同，结构动力学的研究内容可以分为以下三类（图 1-3）：

第一类：已知结构参数和输入荷载，求系统响应，即响应计算问题。

第二类：已知输入荷载和系统响应，求结构参数，即参数识别问题。

第三类：已知结构参数和系统响应，求输入荷载，即荷载识别问题。

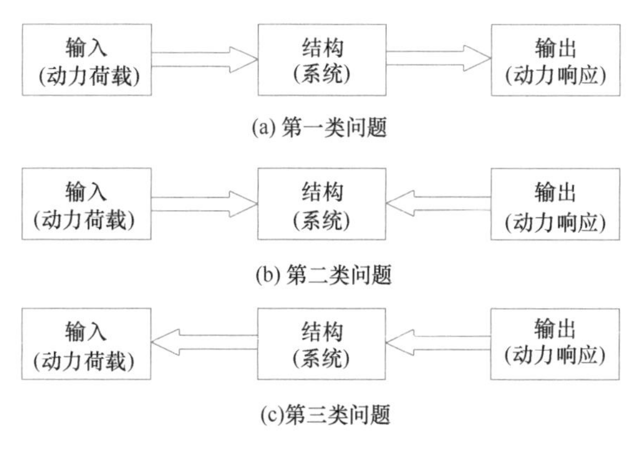

图 1-3 结构动力学三类问题

三类问题中，第一类为正问题，第二、三类为反问题，三类问题的理论基础是一致的。本教材主要讲述正问题，即结构在动力荷载作用下的内力、位移、加速度等动力响应求解问题。

全书共 7 章，其中标“*”的章节为选学章节。第 1 章简要介绍工程结构中的一些动力问题。第 2 章介绍动力学的一些基本概念及运动方程的建立方法。第 3 章讲述单自由度系统正问题求解方法和少量参数识别问题。第 4 章讲述多自由度系统求解方法，第 3 章和第 4 章是土木工程专业本科生学习的核心章节。第 5 章* 简要介绍无限自由度体系的求解方法，仅作了解。第 6 章* 简要介绍随机振动的一些基本概念以及响应求解方法，仅作了解。第 7 章简要介绍动力学在地震、风振、振动控制和振动利用等方面的实际应用，以便于本科生后续课程的学习和对实际振动问题的了解。

第2章

基本概念和运动方程的建立

2.1 基本概念

2.1.1 动力荷载

严格来说，任何荷载都是随时间变化的。根据荷载随时间变化的快慢，可以把荷载分为：

静力荷载，是指大小、方向和作用点随时间变化较为缓慢的荷载（荷载变化周期是结构自振周期的 4～5 倍以上），如结构自重；

动力荷载，是指大小、方向或作用点随时间变化较为迅速的荷载（荷载变化周期是结构自振周期的 4～5 倍以下），如地震作用。

动力荷载也可称为动荷载，又常被称为输入、激励。显然，由于荷载（输入）随时间是变化的，体系的振动结果（也称输出、响应、反应）也是随时间变化的。

任何结构在使用期限内都可能承受一定形式的动力荷载。根据荷载是否具有周期性，可分为周期性荷载和非周期性荷载。常见动荷载的类型可归纳为表 2-1。

表 2-1 动力荷载的分类

类型		特点	实例	荷载时程举例
周期性	简谐荷载	荷载可用简谐函数表示，例如 $P(t)=A\sin(\omega t)$	机器偏心运转对厂房的作用力	P(t) O t
	非简谐周期荷载	荷载周期性变化，但不能用简谐函数表示	螺旋桨对船只的推进力	P(t) O t
非周期性	突加荷载	荷载在短时间内突然出现，而后保持稳定	起重机受到的突加质量	P(t) O t
	冲击荷载	荷载幅值在短时间内急剧增大，而后减小	爆炸引起的冲击波	P(t) O t
	一般任意荷载	荷载幅值变化复杂，难以用解析函数表示	地震波、风荷载、波浪力	P(t) O t

根据动荷载随时间的变化情况是否完全已知，可以分为非随机荷载和随机荷载两种，两种荷载又可分别称为确定性荷载和非确定性荷载。随机的含义是指无法预先确定，比如，用一段已知的地震波或风荷载时程来计算结构的动力响应，这个荷载是非随机荷载，而对于实际结构在未来时间内所经受的地震作用和风荷载确切值是无法预知的，只能通过一些统计参数对动荷载和响应进行描述，此时是随机荷载。地震波和风荷载这类一般任意荷载，既可能是非随机荷载，也可能是随机荷载。

2.1.2 惯性力

惯性是物体保持运动状态的能力，物体运动状态改变时，惯性提供一种反抗运动状态改变的力，这种力称为惯性力。惯性力通常用 f_{I} 表示，大小等于质量与加速度的乘积，

方向与加速度方向相反，即

$$f_{\mathrm{I}}(t)=-m\ddot{u}(t) \tag{2-1}$$

也可简写为

$$f_{\mathrm{I}}=-m\ddot{u} \tag{2-2}$$

式中，下标 I 表示惯性（inertia）；m 为质量（mass）；$\ddot{u}$ 为加速度；$\ddot{u}$ 为位移 u 对时间的二阶导数。

在振动过程中，结构振动加速度随时间变化，因而惯性力也随时间变化，并对结构响应产生重要影响。如图 2-1 所示，如果质量缓慢地放在弹簧上，这是一个静力问题，弹簧静位移等于重力除以刚度系数（$u_{\mathrm{st}}=mg/k$）。但是，如果质量块突然放到弹簧上并立即松开，则是一个动力问题，弹簧和质量块组成的体系将产生动力响应。两种问题的差别在于有无惯性力，惯性力在结构振动中不可忽略，是结构能够发生振动的必要原因。

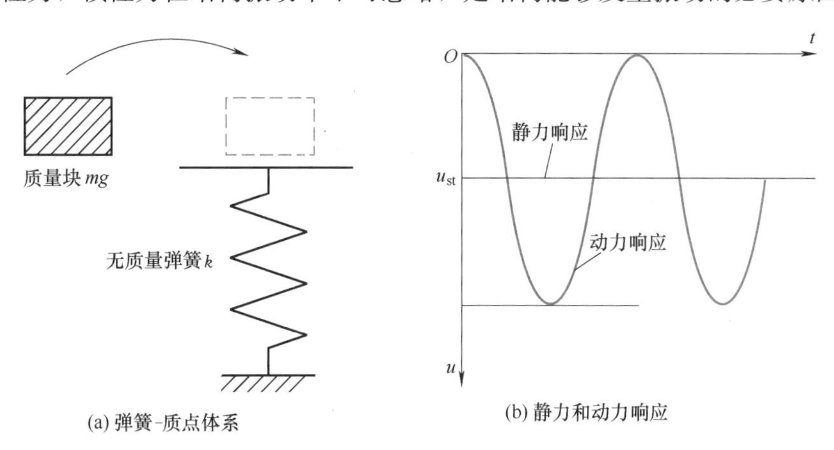

图 2-1 惯性力的作用

2.1.3 动力自由度与结构离散化方法

惯性力是导致结构产生振动的原因，必须对惯性力进行合理描述才能得到正确的振动结果。惯性力与质量和加速度有关，实际结构的质量是连续分布的。只有考虑结构上每处质量的运动情况，才能准确描述惯性力。需要无限多个坐标参数，才能体现结构各处质量的运动情况，即需要无限多个动力自由度。所谓动力自由度，是指确定结构体系全部质量位置所需要的独立参数的数目。如图 2-2 所示，根据自由度的数目，三种体系分别为单自由度体系、多自由度体系和无限自由度体系。

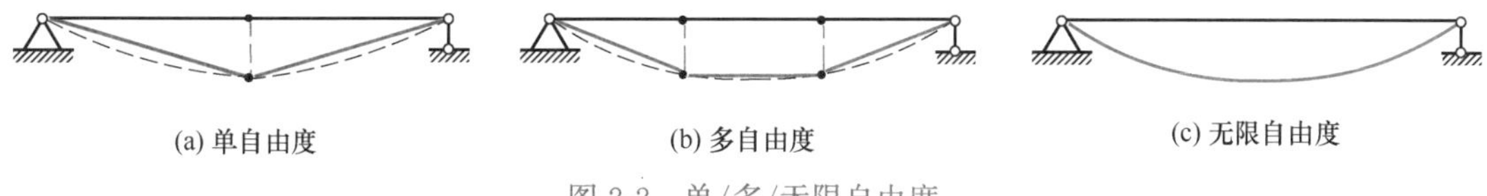

图 2-2 单/多/无限自由度

在实际动力分析时，往往将结构上连续分布的质量转化为若干个集中质量，可以简化计算，并达到工程需要的精度，这种离散化方法称为集中质量法。比如，水塔建筑的上部水箱是结构的主要质量，塔柱部分是次要质量，可将水箱的全部质量和部分塔柱质量集中到水箱质心处，形成单自由度体系［图 2-3（a）］；一些工业厂房的屋盖部分是结构的主要质量，可将各跨质量集中到屋盖标高处；多层或高层建筑的楼板部分是结构的主要质量，可将结构质量集中到楼板标高处，形成多自由度体系［图 2-3（b）］；高耸信号塔结构可分成若干个区域，然后将各区域质量集中到该区域质心处，形成多自由度体系［图 2-3（c）］。

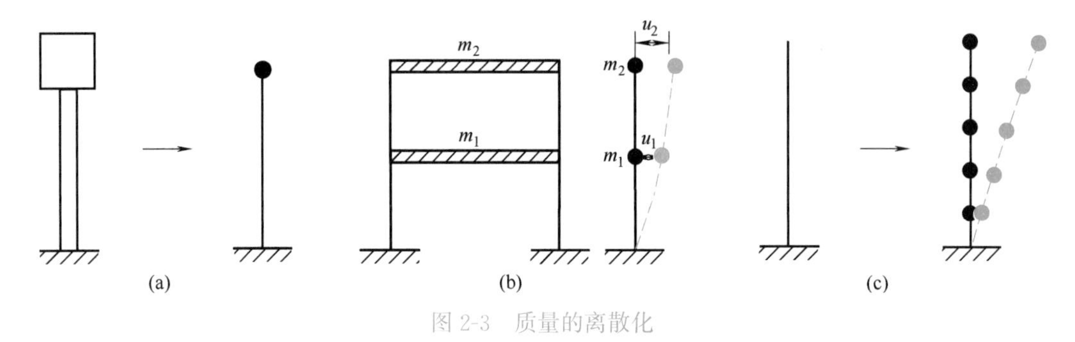

图 2-3　质量的离散化

【例 2-1】 如图 2-4 所示，判断以下结构的动力自由度，忽略杆的轴向变形，不考虑质点的转动。

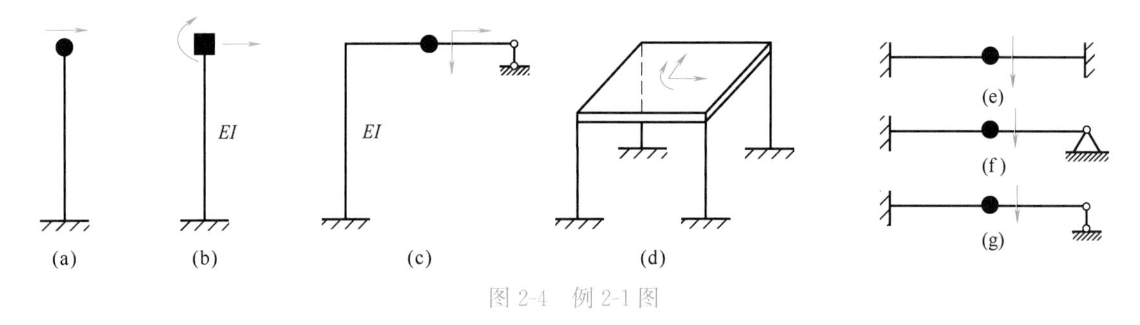

图 2-4　例 2-1 图

解：图 2 4 中结构体系自由度的数目分别为 1 个、2 个、2 个、3 个、1 个、1 个、1 个。

根据例 2-1 各结构体系的自由度结果可以总结出以下规律：

1）自由度的数目不一定等于集中质量的数目；

2）自由度的数目与超静定次数无关；

3）静力学中几何组成分析的自由度与动力学中动力自由度的概念不相同。

结构离散化方法，除了集中质量法，还有广义坐标法、有限单元法等，本书不再讲述。

2.1.4　弹簧的恢复力

如图 2-5 所示，当质点离开初始平衡位置时，弹簧被拉伸或压缩，弹簧会产生一个与位移方向相反的力，使质点恢复至平衡位置，这种力称为弹簧的恢复力。

当力与位移的关系可以简化为线性关系时，弹簧的恢复力也被称为弹性恢复力，其大小等于弹簧刚度与位移的乘积，方向与位移方向相反，即

$$f_S(t)=-ku(t) \tag{2-3}$$

也可简写为

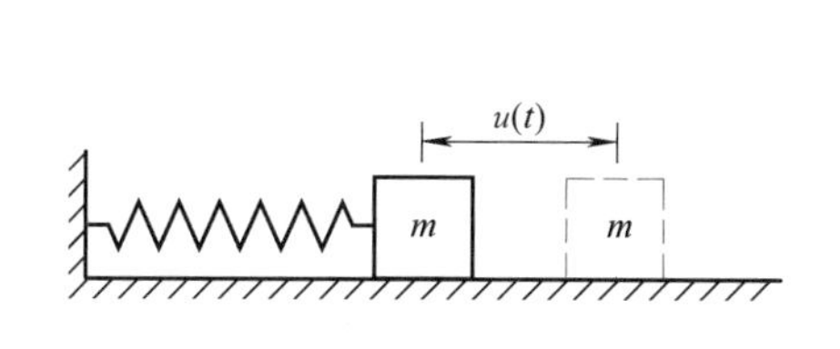

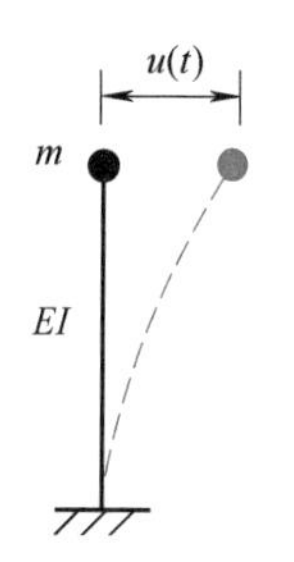

图 2-5 弹性恢复力的作用

$$f_{\mathrm{S}}=-ku \tag{2-4}$$

式中，下标 S 表示弹簧（Spring）；k 为刚度系数；u 为位移。

注意，式（2-3）成立的前提是结构体系为线弹性体系，线弹性体系是本书的主要研究对象，以后的章节，如无特别说明，研究对象均为线弹性体系。

任何结构的整体或一部分均可以看成弹簧，对土木工程结构来说，主要是结构的弹性构件提供了恢复力。对不同形式的结构，弹簧的类型有很多种，如图 2-6 所示。

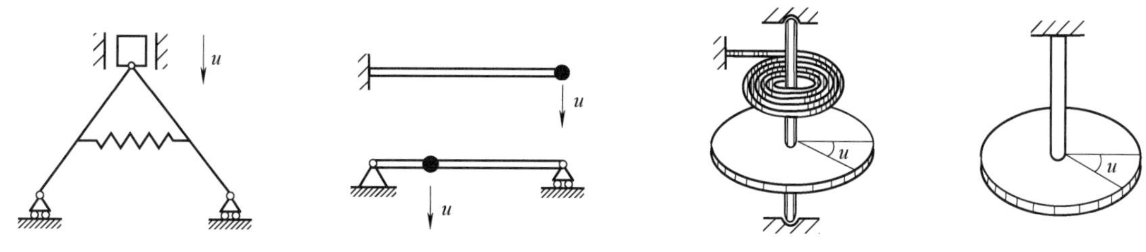

图 2-6 弹簧的种类

2.1.5 阻尼力

如图 2-7 所示，给体系一个初始扰动后（比如施加一个初始位移而后释放），质点会在平衡位置附近做自由振动。理想情况下，自由振动会一直持续。实际情况是，经过一段时间后，振动会逐渐衰减、趋于静止，说明振动过程存在一定的能量耗散，这种耗散能量、使振动逐渐衰减的作用称为阻尼或阻尼力。

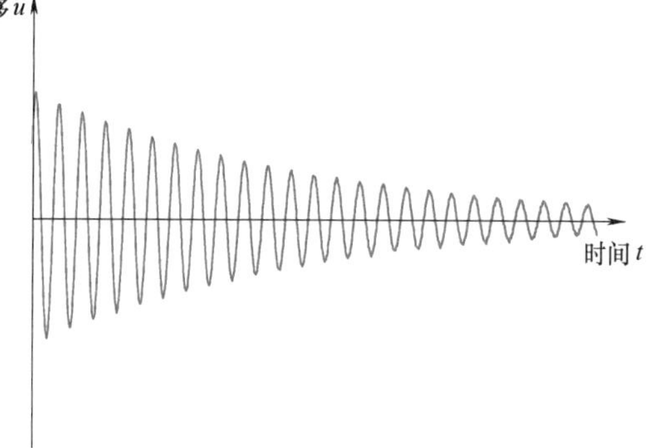

图 2-7 自由振动衰减曲线

产生阻尼的原因有很多，如：

1）结构材料内摩擦将振动的动能转化为热能；

2）结构连接部位的摩擦，比如，填充墙与主体结构的摩擦，节点构件之间的摩擦；

3）结构体系周围介质对振动的阻碍，例如，水、空气等；

4）基础、地基振动耗散的能量，主要是土壤的内摩擦力耗散的能量。

实际问题中，各种产生阻尼的因素可能同时存在。在结构动力分析时，往往采用黏

性阻尼理论，这种理论认为，阻尼力的大小与速度成正比、方向与速度方向相反，阻尼力为

$$f_{\mathrm{D}}(t)=-c\dot{u}(t) \tag{2-5}$$

也可简写为

$$f_{\mathrm{D}}=-c\dot{u} \tag{2-6}$$

式中，下标 D 表示阻尼（Damping）；c 为阻尼系数；$\dot{u}$ 为速度；其中阻尼系数一般通过结构振动试验得到。

黏性阻尼理论是多种阻尼理论中最简单的一种，在阻尼较小、振幅不大时，这种理论与实际工程吻合较好。除了黏性阻尼理论外，还有摩擦阻尼、滞变阻尼和流体阻尼等理论假设，本书不再讲述。

选读：阻尼力形成

如图 2-8 所示，有内摩擦时，应变总是滞后于应力，形成滞变回线，回线面积为一个应力循环中单位体积材料所耗散的能量，$U=\sigma_0\varepsilon_0/2$ 为最大变形能。ΔU 为滞变回线所围面积，$\psi=\Delta U/U$ 为材料的耗散系数。例如，钢筋混凝土材料的耗散系数为 0.3。

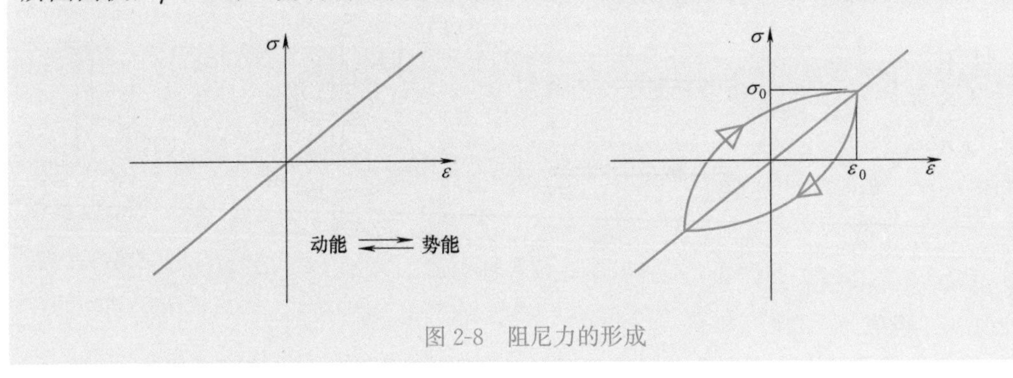

图 2-8 阻尼力的形成

2.2 运动方程的建立

运动方程的建立方式有很多，比如 D′Alembert 原理、虚功原理、Hamilton 原理、Lagrange 方程等，本教材只介绍 D′Alembert 原理。

2.2.1 D′Alembert 原理简述

在质点运动的任一瞬时，作用于质点上的主动力、约束力和虚拟的惯性力组成平衡力系，即质点的 D′Alembert 原理：

$$\boldsymbol{f}+\boldsymbol{f}_{\mathrm{N}}+\boldsymbol{f}_{\mathrm{I}}=0 \tag{2-7}$$

式中，矢量 $\boldsymbol{f}$、$\boldsymbol{f}_{\mathrm{N}}$ 和 $\boldsymbol{f}_{\mathrm{I}}$ 分别表示主动力、约束力和惯性力（图 2-9）。

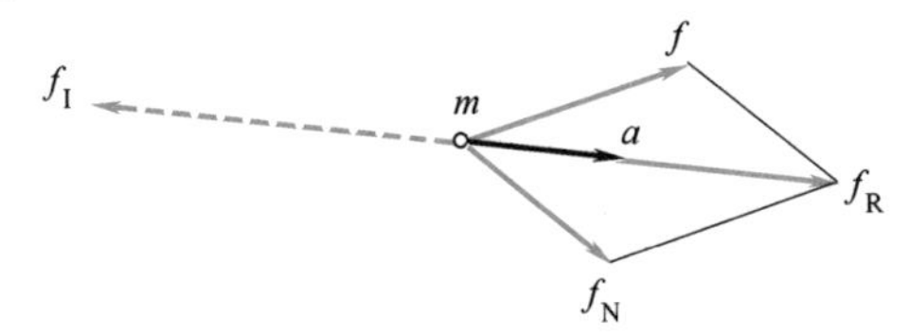

图 2-9 作用在质点上的力

2.2.2 刚度法建立运动方程

如图 2-10 所示，忽略轴向变形，质点 m 只能做水平运动。各矢量力沿运动方向投影后，作用在质点上的各力可写成标量形式：外荷载 $P(t)$、阻尼力 $f_D(t)$、弹性力 $f_S(t)$ 和惯性力 $f_I(t)$。按照 D'Alembert 原理，这些力之和等于零，即

$$P(t)+f_D(t)+f_S(t)+f_I(t)=0 \tag{2-8}$$

将式（2-1)、式（2-3)、式（2-5）代入式（2-8)，可得

$$m\ddot{u}(t)+c\dot{u}(t)+ku(t)=P(t) \tag{2-9}$$

式（2-9）为单自由度体系的运动方程，可简写为

$$m\ddot{u}+c\dot{u}+ku=P(t) \tag{2-10}$$

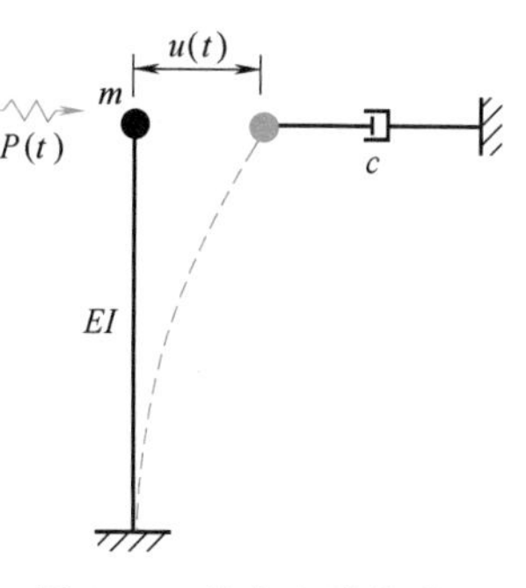

图 2-10 单自由度体系

【例 2-2】 如图 2-11 所示，质量集中于横梁上，横梁单位长度质量为 $\overline{m}$，不计阻尼，建立体系的运动方程。

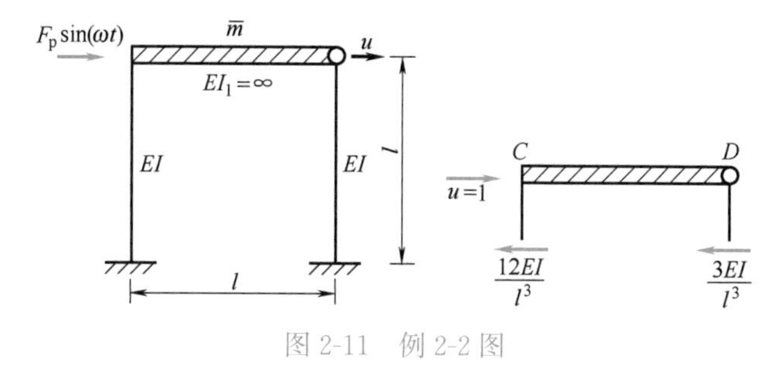

图 2-11 例 2-2 图

解：对于横梁的水平位移而言，侧移刚度系数为

$$k=\frac{12EI}{l^3}+\frac{3EI}{l^3}=\frac{15EI}{l^3}$$

完整运动方程为

$$m\ddot{u}+c\dot{u}+ku=P(t)$$

不计阻尼为

$$m\ddot{u}+k\dot{u}=P(t)$$

代入质量、刚度系数和外荷载，可得运动方程为

$$\overline{m}l\ddot{u}+\frac{15EI}{l^3}\dot{u}=F_P\sin(\omega t)$$

2.2.3 柔度法建立运动方程

基于 D'Alembert 原理，也可用柔度法建立运动方程。以图 2-10 所示的单自由度体系为例，将任意时刻的惯性力、阻尼力和外荷载视作静力荷载，根据结构力学的分析方法，这些静荷载造成质点总位移为

$$u(t)=\delta[-m\ddot{u}-c\dot{u}+P(t)] \tag{2-11}$$

柔度法建立的运动方程为

$$m\ddot{u}+c\dot{u}+\frac{1}{\delta}u=P(t) \tag{2-12}$$

事实上，对于单自由度体系，根据柔度系数 δ 与刚度系数 k 的关系 $k=1/\delta$，可将式（2-10）直接转化为式（2-12）。

2.2.4 考虑重力影响的运动方程

重力问题一般属于静力问题。当结构变形处于线弹性变形范围内时，重力影响可以通过平衡位置的合理设定将动力问题与静力问题分开。

如图 2-12 所示，弹簧自然伸长不受力时，重物位置在 A 高度处［图 2-12（a）］，在重物的自重作用下，弹簧伸长量 $\Delta_{st}=\dfrac{mg}{k}$，重物移动至 B 高度处［图 2-12（b）］。

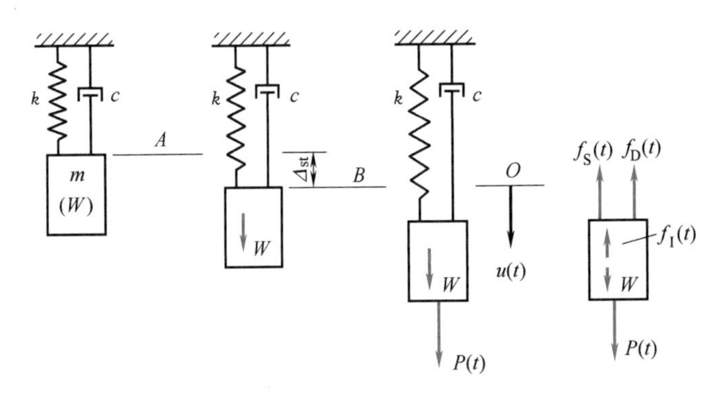

(a) A高度处　(b) B高度处　(c) B高度为平衡位置　(d) 受力分析

图 2-12　考虑重力影响时的单自由度体系受力分析

如果以 B 高度为平衡位置［图 2-12（c）］，该体系运动方程为

$$m\ddot{u}+c\dot{u}+k(u+\Delta_{st})=P(t)+mg \tag{2-13}$$

将 $\Delta_{st}=\dfrac{mg}{k}$ 代入得

$$m\ddot{u}+c\dot{u}+ku=P(t) \tag{2-14}$$

可见，式（2-14）与无重力影响时的运动方程完全相同。可以将重力影响问题单独作为静力问题考虑，在结构动力分析时，不需要再考虑重力的影响。

2.2.5 地基运动的影响

在结构的地震反应问题中，动力反应由地基运动引起。如图 2-13 所示，当地基运动时，质量的加速度由两部分组成：地基运动加速度 $\ddot{u}_g$ 和质点相对于地基的加速度 $\ddot{u}$。

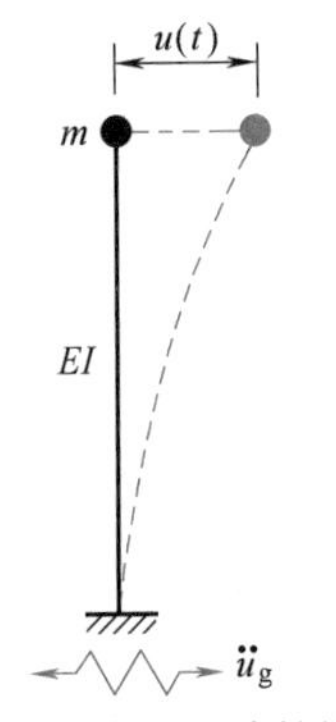

图 2-13　地基运动的影响

以单自由度为例，不考虑其他外荷载时，运动方程为

$$m(\ddot{u}+\ddot{u}_g)+c\dot{u}+ku=0 \tag{2-15}$$

若用等效荷载 $P_{eff}(t)$ 来代替 $-m\ddot{u}_g$，$P_{eff}(t)$ 即地基运动产生的等效荷载，式（2-15）可转化为

$$m\ddot{u}+c\dot{u}+ku=P_{eff}(t) \tag{2-16}$$

式（2-16）与运动方程式（2-10）的形式完全相同。可见，地震反应问题可以转化为等效荷载作用下基底固定的结构动力反应问题，所得的反应是结构相对于地面的运动，即结构的变形。

习　　题

2-1　建立如图 2-14 所示三个弹簧-质点体系的运动方程，不考虑地面摩擦和阻尼，并总结弹簧串联和并联时体系刚度系数求解方法的不同。

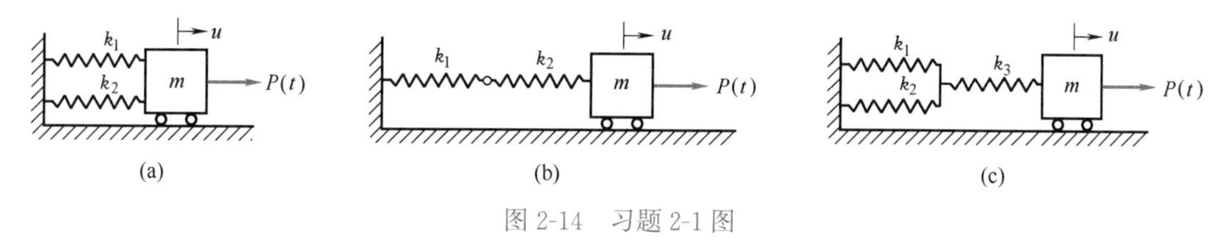

图 2-14　习题 2-1 图

2-2　判断如图 2-15 所示体系的动力自由度，画出振动造成的变形示意图，忽略轴向变形。

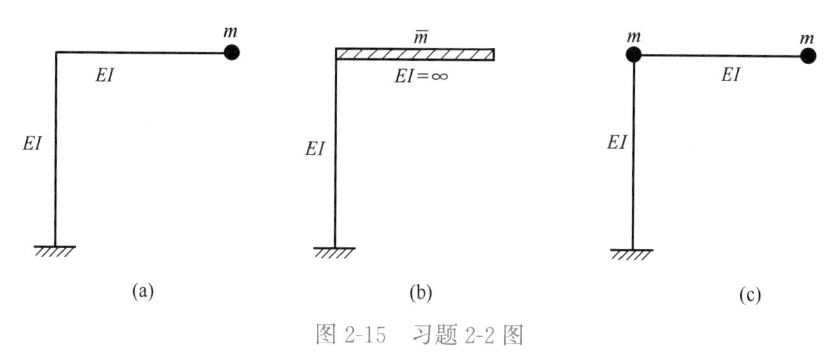

图 2-15　习题 2-2 图

2-3　判断如图 2-16 所示体系的动力自由度，刚架质量不计，各杆抗弯刚度为 EI，忽略轴向变形。

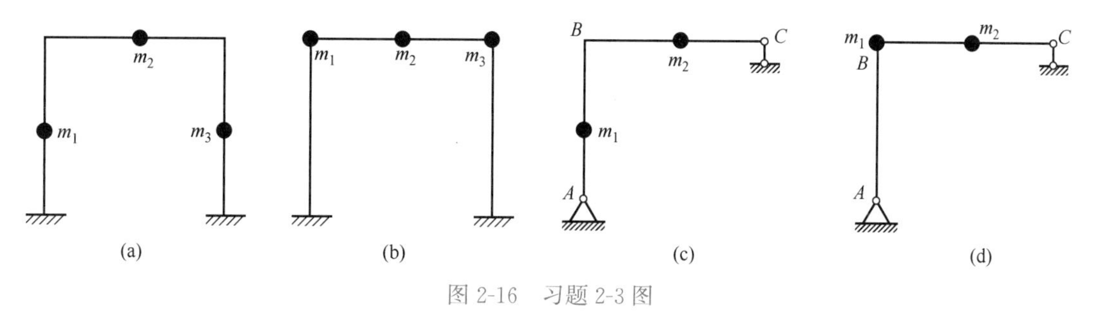

图 2-16　习题 2-3 图

2-4　什么是动力自由度？什么是静力自由度？区分其含义。

2-5　在结构振动过程中引起阻尼的原因有哪些？

2-6　结构重力对运动方程有何影响？怎么处理？

第3章

单自由度体系

单自由度（Single-Degree-of-Freedom，简称 SDOF）体系是结构动力分析中最简单的一种体系，也是整个动力学的基础，因为：

1）单自由度体系的动力分析包含了结构动力分析中绝大部分物理概念，其分析结果可以揭示振动的一般性规律；

2）很多实际结构的动力问题可以近似按单自由度进行计算分析，如单层工业厂房、水塔等，在一些情况下，超高层建筑、桥梁等大型结构也可以近似简化为单自由度问题；

3）多自由度体系的振动分析可以通过特定的方法转化为单自由度问题。

3.1 无阻尼自由振动

3.1.1 运动方程

假如结构受到扰动以后，不再受任何外力的影响，结构将以这种扰动为初始状态，做无外界干扰的振动，即自由振动。

单自由度体系（图 3-1）的完整运动方程为

$$m\ddot{u}(t)+c\dot{u}(t)+ku(t)=P(t) \tag{3-1}$$

对于无阻尼自由振动而言，$c=0$、$P(t)=0$，式（3-1）简化为

$$m\ddot{u}+ku=0 \tag{3-2}$$

式（3-2）为无阻尼自由振动方程。

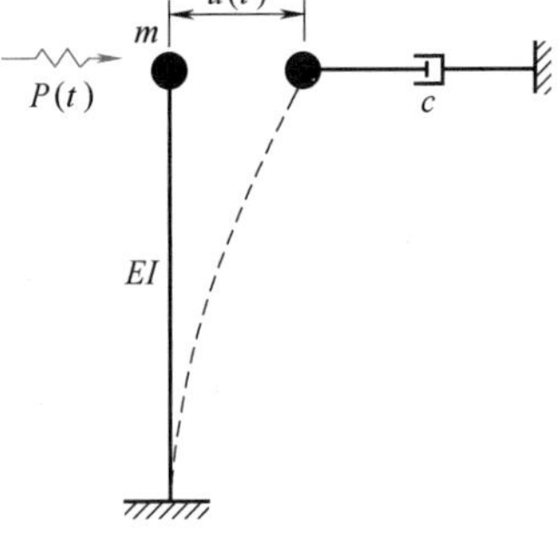

图 3-1 单自由度体系

3.1.2 运动方程求解

为了求解运动方程式（3-2），令

$$\omega_n=\sqrt{\frac{k}{m}} \tag{3-3}$$

运动方程式（3-2）可化为

$$\ddot{u}+\omega_n^2u=0 \tag{3-4}$$

方程式（3-4）为二阶常系数齐次微分方程，由高等数学知识，方程解为

$$u(t)=A_1\cos(\omega_n t)+A_2\sin(\omega_n t) \tag{3-5}$$

式中，A_1、A_2 为两个待定常数，可由已知初始条件确定。

初始条件由扰动造成，会使体系产生一个初始位移或初始速度，初始条件可以定义为

$$u|_{t=0}=u(0);\dot{u}|_{t=0}=\dot{u}(0) \tag{3-6}$$

式（3-6）表示，零时刻的初始位移为 $u(0)$，零时刻的初始速度为 $\dot{u}(0)$。

为了求 A_1、A_2，对式（3-5）求导可得

$$\dot{u}(t)=-A_1\omega_n\sin(\omega_n t)+A_2\omega_n\cos(\omega_n t) \tag{3-7}$$

将初始条件 $u|_{t=0}=u(0)$ 代入式（3-5）可得

$$u(0)=A_1\cos0+A_2\sin0=A_1$$

$$A_1=u(0) \tag{3-8}$$

将初始条件 $\dot{u}|_{t=0}=\dot{u}(0)$ 代入式（3-7）可得

$$\dot{u}(0)=-A_1\omega_n\sin0+A_2\omega_n\cos0=A_2\omega_n$$

$$A_2=\frac{\dot{u}(0)}{\omega_n} \tag{3-9}$$

将 A_1、A_2 为两个待定常数代入式（3-5），得到无阻尼自由振动的解为

$$u(t)=u(0)\cos(\omega_n t)+\frac{\dot{u}(0)}{\omega_n}\sin(\omega_n t) \tag{3-10}$$

根据三角函数的变换关系，式（3-10）也可写为

$$u(t)=A\cos(\omega_n t-\varphi) \tag{3-11}$$

式中，$A=\sqrt{u(0)^2+\left(\frac{\dot{u}(0)}{\omega_n}\right)^2}$；$\varphi=\arctan\frac{\omega_n u(0)}{\dot{u}(0)}$。

从式（3-11）的振动结果可以得到以下结论：

1）体系的自由振动为简谐振动，振动响应是时间的余弦（正弦）函数。

2）结构振动的频率 f 为

$$f=\frac{1}{T}=\frac{\omega_n}{2\pi}=\frac{1}{2\pi}\sqrt{\frac{k}{m}}=\frac{1}{2\pi}\sqrt{\frac{1}{m\delta}}$$

可见，$\omega_n=2\pi f$ 可以看成体系在 2π 秒内的振动次数，在动力学中，ω_n 被称为圆频率，也可简称频率，单位为 rad/s。

3）由于 $\omega_n=\sqrt{\frac{k}{m}}$，体系自振频率由刚度及质量决定，与初始条件无关，并且结构刚度越大、频率越大，结构质量越大、频率越小。

4）振幅 $A=\sqrt{u(0)^2+\left(\frac{\dot{u}(0)}{\omega_n}\right)^2}$ 与初始条件有关，初位移和初速度越大，振幅越大。

5）振动的初相位角为 $\varphi=\arctan\frac{\omega_n u(0)}{\dot{u}(0)}$，由初位移和初速度的关系决定。

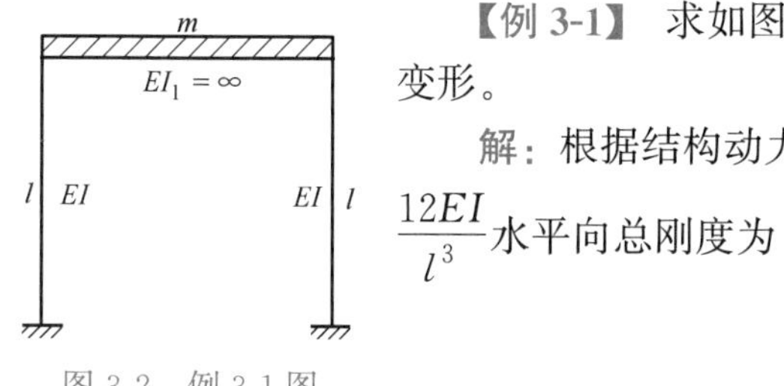

图 3-2 例 3-1 图

【例 3-1】 求如图 3-2 所示体系的自振频率，不考虑杆的轴向变形。

解：根据结构动力学的内容，每根竖杆提供的水平向刚度为 $\frac{12EI}{l^3}$ 水平向总刚度为

$$k=2\times\frac{12EI}{l^3}=\frac{24EI}{l^3}$$

自振圆频率为

$$\omega_n=\sqrt{\frac{k}{m}}=\sqrt{\frac{24EI}{ml^3}}$$

【例 3-2】 求图 3-3 所示体系的自振频率，不考虑杆的轴向变形。

解：质点只能在水平方向发生振动，可在水平方向加一个单位力，求其位移（柔度系数）。

由图乘法可得，柔度系数为

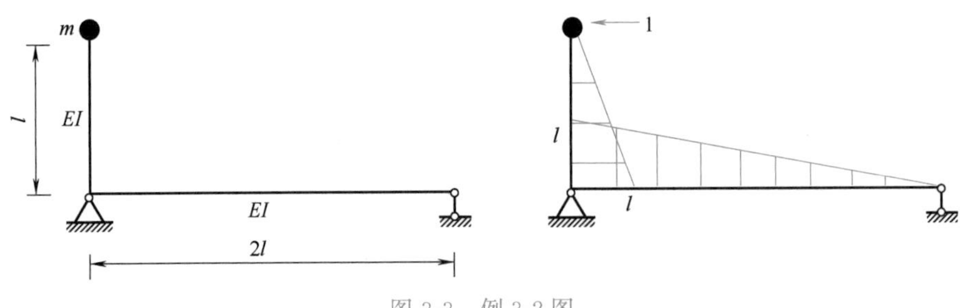

图 3-3 例 3-2 图

$$\delta=\frac{\frac{1}{2}l^2\times\frac{2}{3}l}{EI}+\frac{\frac{1}{2}\times 2l^2\times\frac{2}{3}l}{EI}=\frac{l^3}{EI}$$

自振频率为

$$f=\frac{1}{2\pi}\sqrt{\frac{1}{m\delta}}=\frac{1}{2\pi}\sqrt{\frac{l^3}{mEI}}$$

从以上两例题可以总结出以下规律：

对于并联体系，用刚度法求解自振频率比较方便，因为并联体系的刚度可以相加；

对于串联体系，用柔度法求解自振频率比较方便，因为串联体系的柔度可以相加。

3.2 有阻尼自由振动

无阻尼自由振动的动能和势能变换过程中，总能量保持恒定，结构振动永不停止，体系没有能量耗散。事实上，任何一种自由振动随着时间的推移都会逐渐衰减，最终趋于静止，表现为有阻尼自由振动。

3.2.1 有阻尼自由振动的求解

单自由度体系有阻尼自由振动方程为

$$m\ddot{u}+c\dot{u}+ku=0 \tag{3-12}$$

两边同除以 m，变换为

$$\ddot{u}+\frac{c}{m}\dot{u}+\frac{k}{m}u=0 \tag{3-13}$$

式中，c 为结构的阻尼系数，表示结构振动循环中消耗的能量大小，其量值很难确定，往往通过试验得到。在结构动力分析中，采用阻尼系数 c 表示阻尼的大小不够直观，通常采用阻尼系数 c 与临界阻尼 $c_{\mathrm{cr}}=2m\omega_{\mathrm{n}}$ 的比值 ξ 来表示结构阻尼的大小，即

$$\xi=\frac{c}{c_{\mathrm{cr}}}=\frac{c}{2m\omega_{\mathrm{n}}};\quad c=2m\omega_{\mathrm{n}}\xi \tag{3-14}$$

阻尼比 ξ 是一个无量纲系数，体系按阻尼比大小可分为三类：

当 $\xi<1$ 时，为低阻尼，相应的结构体系称为低阻尼体系；

当 $\xi=1$ 时，为临界阻尼，为体系是否具有振动特性的临界点；

当 $\xi>1$ 时，为过阻尼，相应的结构体系称为过阻尼体系。

对于土木工程结构而言，阻尼比远小于 1，钢结构阻尼比在 1%左右，钢混结构阻尼

比约为 3%～5%。

将式（3-14）代入式（3-13）可得

$$\ddot{u}+2\xi\omega_{n}\dot{u}+\omega_{n}^{2}u=0 \tag{3-15}$$

根据高等数学知识，方程式（3-15）解为

$$u(t)=e^{-\xi\omega_{n}t}[A_{1}\cos(\omega_{D}t)+A_{2}\sin(\omega_{D}t)] \tag{3-16}$$

式中，$\omega_{D}=\omega_{n}\sqrt{1-\xi^{2}}$。

初始条件为

$$u|_{t=0}=u_{0},\dot{u}|_{t=0}=\dot{u}_{0}$$

代入初始条件可得

$$u(t)=e^{-\xi\omega_{n}t}\left[u_{0}\cos(\omega_{D}t)+\frac{\dot{u}_{0}+\xi\omega_{n}u_{0}}{\omega_{D}}\sin(\omega_{D}t)\right] \tag{3-17}$$

也可写为

$$u(t)=Ae^{-\xi\omega_{n}t}\cos(\omega_{D}t-\varphi) \tag{3-18}$$

式中，$A=\sqrt{u_{0}^{2}+\left(\frac{\dot{u}_{0}+\xi\omega_{n}u_{0}}{\omega_{D}}\right)^{2}}$；$\varphi=\arctan\left(\frac{\omega_{D}u_{0}}{\dot{u}_{0}+\xi\omega_{n}u_{0}}\right)$。

从上述求解结果可知，有阻尼体系与无阻尼体系的自由振动有以下差别：

1）有阻尼时的振动结果存在一个衰减项 $e^{-\xi\omega_{n}t}$，它随时间增大逐渐趋近于 0，有阻尼自由振动为衰减振动，阻尼比越大，衰减越快（图 3-4）。

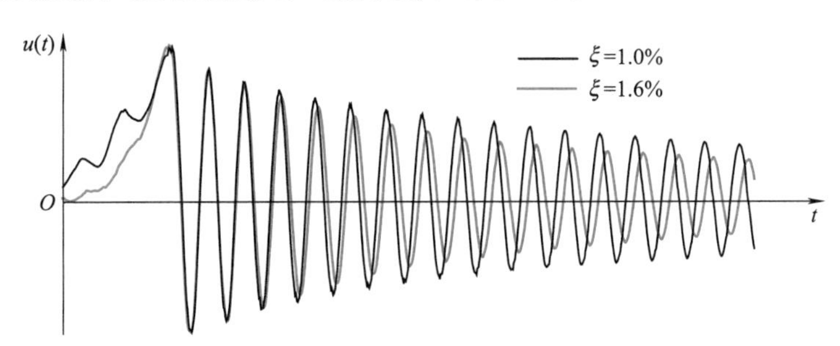

图 3-4　阻尼对振动衰减的影响

2）有阻尼时，振动频率 $\omega_{D}=\omega_{n}\sqrt{1-\xi^{2}}$ 小于无阻尼的振动频率 ω_{n}，即阻尼使自振周期变长。

3）结构阻尼比等于 1 时，振动周期为无限长（$\omega_{D}=\omega_{n}\sqrt{1-\xi^{2}}=0$），即体系失去振动特性，物体离开平衡位置后只能缓慢地回到平衡位置而不产生振动，此时的结构阻尼等于临界阻尼。

土木工程结构的阻尼比通常在 1%～5%之间，此时 $\omega_{D}=\omega_{n}\sqrt{1-\xi^{2}}\approx\omega_{n}$。对土木工程结构而言，通常用有阻尼体系的自振频率代替无阻尼体系的自振频率，即不区分 ω_{D} 与 ω_{n}。

3.2.2　阻尼比的测量

利用自由振动衰减法、共振放大法和半功率带宽法等方法都可以识别体系的阻尼比，

本书只讲述第一种方法。

对于自由振动衰减法，可用敲击的方法给体系一个初速度，或者强制给体系一个初位移而后释放，得到自由振动衰减曲线（图 3-5）。

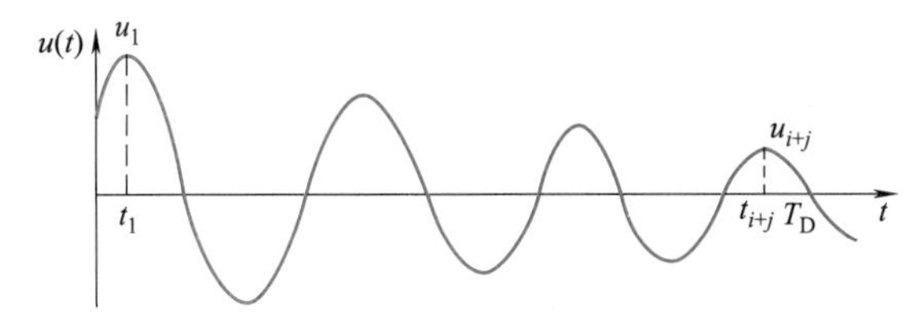

图 3-5 自由振动衰减法识别阻尼比

由于 $u(t)=A\mathrm{e}^{-\xi\omega_{\mathrm{n}}t}\cos(\omega_{\mathrm{n}}t-\alpha)$，自由振动衰减曲线第 i 个振幅与第 $i+j$ 个振幅的比值关系为

$$\frac{u_i}{u_{i+j}}=\frac{\mathrm{e}^{-\xi\omega_{\mathrm{n}}t_i}}{\mathrm{e}^{-\xi\omega_{\mathrm{n}}(t_i+jT_{\mathrm{D}})}}=\mathrm{e}^{j\xi\omega_{\mathrm{n}}T_{\mathrm{D}}} \tag{3-19}$$

式中，$T_{\mathrm{D}}=\dfrac{2\pi}{\omega_{\mathrm{n}}\sqrt{1-\xi^2}}$。

对式（3-19）取对数可得

$$\ln\frac{u_i}{u_{i+j}}=\frac{2\pi j\xi}{\sqrt{1-\xi^2}} \tag{3-20}$$

忽略分母中的微小量 ξ^2，结构阻尼比 ξ 可由式（3-21）求得

$$\xi=\frac{1}{2\pi j}\ln\frac{u_i}{u_{i+j}} \tag{3-21}$$

当 $j=1$ 时，$\delta=\ln\dfrac{u_i}{u_{i+1}}$称为对数衰减率，对数衰减率与阻尼比的关系为

$$\xi=\frac{\delta}{2\pi} \tag{3-22}$$

在使用式（3-21）计算阻尼比时，通常增加周期间隔数，以减小测量误差。

【例 3-3】 图 3-6 为一单层建筑物计算简图。屋盖系统和柱子质量集中在横梁处（m 未知)，加一水平力 $P=9.8\mathrm{kN}$，测得侧移 $A_0=0.5\mathrm{cm}$，然后突然卸载使结构发生水平向自由振动。对振动进行测量，测得周期为 $T=1.5\mathrm{s}$，一个周期后的侧移 $A_1=0.4\mathrm{cm}$。求结构阻尼比 ξ 和阻尼系数 c。

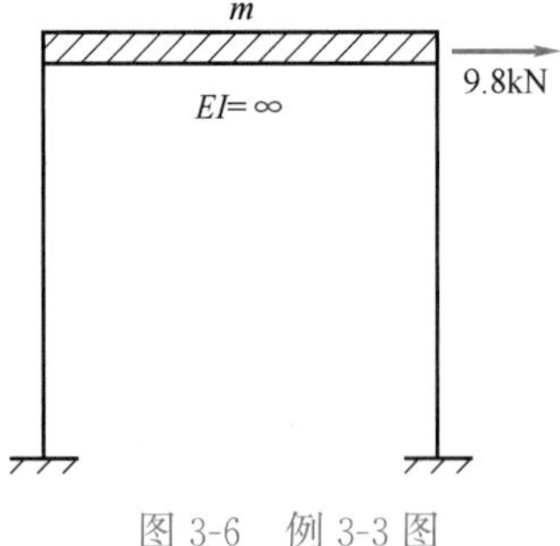

图 3-6 例 3-3 图

解：根据式（3-21），结构的阻尼比为

$$\xi=\frac{1}{2\pi}\ln\frac{u_i}{u_{i+1}}=\frac{1}{2\pi}\ln\frac{0.5}{0.4}=0.0335$$

自振频率为

$$\omega_{\mathrm{n}}=\frac{2\pi}{T}=\frac{2\pi}{1.5}=4.189\mathrm{rad/s}$$

结构刚度系数为

$$k=\frac{P}{A_0}=\frac{9.8\times10^3}{0.005}=1.96\times10^6\text{N/m}$$

根据式（3-14），结构阻尼为

$$c=2\xi m\omega_n=\frac{2\xi m\omega_n^2}{\omega_n}=\frac{2\xi k}{\omega_n}=\frac{2\times0.0355\times1.96\times10^6}{4.189}=33220\text{N}\cdot\text{s/m}$$

3.3 简谐荷载作用下的振动

体系在动荷载作用下的振动称为强迫振动。简谐荷载是最典型的动力荷载，简谐荷载作用下系统的动力响应分析是结构动力学的一个经典基础内容。

3.3.1 动力响应求解

简谐荷载作用下，单自由度体系的运动方程为

$$m\ddot{u}+c\dot{u}+ku=P_0\sin(\omega t) \tag{3-23}$$

式中，P_0 为简谐荷载幅值；ω 为简谐荷载圆频率。

将式（3-23）两边同除以 m，并代入 $c=2m\omega_n\xi$，可得

$$\ddot{u}+2\xi\omega_n\dot{u}+\omega_n^2u=\frac{P_0}{m}\sin(\omega t) \tag{3-24}$$

体系初始条件为

$$u\big|_{t=0}=u(0),\dot{u}\big|_{t=0}=\dot{u}(0)$$

根据高等数学知识，方程式（3-24）是带有初始条件的非齐次二阶常微分方程，全解分为两部分：一是方程的通解，也是齐次方程的解对应自由振动部分；二是方程的特解，对应纯强迫振动部分。

通解与方程式（3-15）的解相同：

$$u_c(t)=e^{-\xi\omega_n t}[A_1\cos(\omega_D t)+A_2\sin(\omega_D t)] \tag{3-25}$$

特解部分 u_p 可以设为如下形式：

$$u_p(t)=B_1\sin(\omega t)+B_2\cos(\omega t) \tag{3-26}$$

将式（3-26）代入式（3-24）可得

$$[(\omega_n^2-\omega^2)B_1-2\xi\omega_n\omega B_2]\sin(\omega t)+[2\xi\omega_n\omega B_1+(\omega_n^2-\omega^2)B_2]\cos(\omega t)=\frac{P_0}{m}\sin(\omega t) \tag{3-27}$$

由于时间的任意性，可得关于系数 B_1、B_2 的方程：

$$\begin{cases}[1-(\omega/\omega_n)^2]B_1-(2\xi\omega/\omega_n)B_2=u_{st}\\(2\xi\omega/\omega_n)B_1+[1-(\omega/\omega_n)^2]B_2=0\end{cases} \tag{3-28}$$

解得

$$\begin{cases}B_1=\dfrac{P}{m}\dfrac{\omega_n^2-\omega^2}{(\omega_n^2-\omega^2)^2+4\xi^2\omega_n^2\omega^2}\\[2ex]B_2=-\dfrac{P}{m}\dfrac{2\xi\omega_n\omega}{(\omega_n^2-\omega^2)^2+4\xi^2\omega_n^2\omega^2}\end{cases} \tag{3-29}$$

得到运动方程的全解为

$$u(t)=u_c+u_P=e^{-\xi\omega_n t}[A_1\cos(\omega_D t)+A_2\sin(\omega_D t)]+B_1\sin(\omega t)+B_2\cos(\omega t) \tag{3-30}$$

对于式（3-29）的系数 B_1、B_2，考虑 $\omega_n^2=k/m$，并将分子分母同除以 ω_n^2，可将 B_1、B_2 变换为

$$\begin{cases} B_1=u_{st}\dfrac{1-(\omega/\omega_n)^2}{[1-(\omega/\omega_n)^2]^2+[2\xi(\omega/\omega_n)]^2} \\ B_2=u_{st}\dfrac{-2\xi\omega/\omega_n}{[1-(\omega/\omega_n)^2]^2+[2\xi(\omega/\omega_n)]^2} \end{cases} \tag{3-31}$$

式中，$u_{st}=P_0/k$ 为静位移，等于与动荷载幅值相等的静荷载所引起的位移；ω/ω_n 为频率比，是荷载频率与结构自振频率的比值。

从式（3-30）的振动结果可知：

1）强迫振动响应由两部分构成（图 3-7），其中通解对应有阻尼自由振动，振动频率为结构自振频率，这部分振动随时间逐渐衰减为零。特解对应荷载作用下的纯强迫振动，振动频率等于荷载频率，是无衰减的简谐振动。

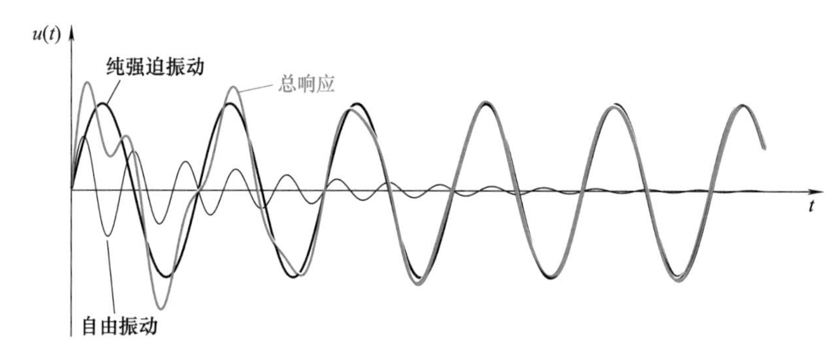

图 3-7　两部分响应的叠加

2）阻尼的存在使第一部分响应逐渐消失，这部分响应称为暂态响应或瞬态响应。第一部分响应消失后仅剩第二部分响应，此时的响应称为稳态响应。

3）瞬态响应以结构的自振频率振动，可以反映结构的动力特性；稳态响应以外荷载的激振频率振动，可以反映输入荷载的性质。

4）一般情况下，最值得关注的是稳态响应，也存在一些特殊情况，初始阶段的瞬态响应较大而不可忽略。

3.3.2　动力放大系数与共振

根据上述分析结果，体系的稳态响应为

$$u(t)=B_1\sin(\omega t)+B_2\cos(\omega t) \tag{3-32}$$

也可写成

$$u(t)=u_0\sin(\omega t-\varphi) \tag{3-33}$$

式（3-33）中，

$$\begin{cases} u_0=u_{st}\dfrac{1}{\sqrt{(1-\omega^2/\omega_n^2)^2+4\xi^2\omega^2/\omega_n^2}} \\ \varphi=\arctan\left(\dfrac{2\xi\omega/\omega_n}{1-\omega^2/\omega_n^2}\right) \end{cases} \tag{3-34}$$

从而，稳态响应为

$$u(t)=u_{\mathrm{st}}\frac{1}{\sqrt{(1-\omega^2/\omega_{\mathrm{n}}^2)^2+4\xi^2\omega^2/\omega_{\mathrm{n}}^2}}\sin(\omega t-\varphi) \tag{3-35}$$

稳态响应的最大位移为

$$u_0=u_{\mathrm{st}}\frac{1}{\sqrt{(1-\omega^2/\omega_{\mathrm{n}}^2)^2+4\xi^2\omega^2/\omega_{\mathrm{n}}^2}} \tag{3-36}$$

可见，稳态响应的位移幅值等于静位移乘以一个放大系数，该系数即稳态响应最大位移与静位移的比值，称为动力放大系数：

$$R_{\mathrm{D}}=\frac{u_0}{u_{\mathrm{st}}}=\frac{1}{\sqrt{(1-\omega^2/\omega_{\mathrm{n}}^2)^2+4\xi^2\omega^2/\omega_{\mathrm{n}}^2}} \tag{3-37}$$

可以将动力放大系数理解为体系的振动使静位移放大的倍数。

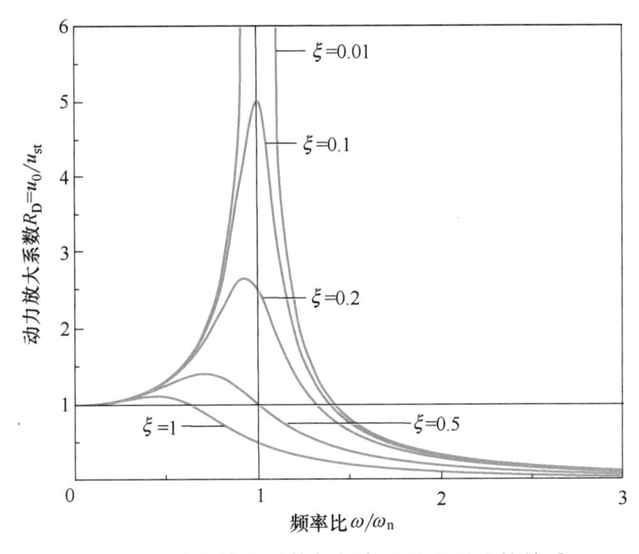

图 3-8　动力放大系数与频率比及阻尼比的关系

图 3-8 为动力放大系数与频率比和阻尼比的关系。从图 3-8 和式（3-36）可以得到以下结论：

1）动力放大系数与荷载幅值无关，与频率比和体系阻尼比有关；

2）阻尼比越大，动力放大系数越小，当阻尼比大于$\sqrt{2}$时，动力放大系数小于 1；

3）动力放大系数随频率比的增大呈先增加然后减小的趋势，并在频率比为$\sqrt{1-2\xi^2}$时达到最大，最大值为 $1/(2\xi\sqrt{1-\xi^2})$；

4）对土木工程结构而言，由于阻尼比较小，动力放大系数最大值所对应的频率比$\sqrt{1-2\xi^2}\approx1$，即荷载频率与体系频率相等时发生共振，此时频率称为共振频率，动力放大系数最大为 $1/(2\xi)$；

5）当 $\omega/\omega_{\mathrm{n}}$ 趋近于无穷大时，动力放大系数接近于 0；

6）当频率比 $\omega/\omega_{\mathrm{n}}$ 趋近于 0 时，即荷载变化很慢时，动力放大系数接近于 1。当荷载频率小于结构频率 1/5 左右时，可以近似为一个静荷载。

【例 3-4】 如图 3-9 所示，重物 $W=500\text{N}$，悬挂在刚度 $k=4\text{N/mm}$ 的弹簧上，在简谐荷载 $P(t)=P_0\sin(\omega t)$ 作用下作竖向振动（$P_0=50\text{N}$）。已知体系阻尼系数 $c=0.05\text{N}\cdot\text{s/mm}$。求简谐荷载频率为多大时体系发生共振及在共振环境下体系的振幅。

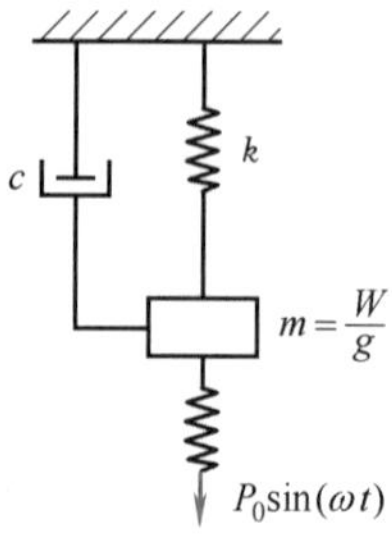

图 3-9 例 3-4 图

解：当外荷载激励频率等于系统固有频率时，体系发生共振，有

$$\omega=\omega_n=\sqrt{\frac{k}{m}}=\sqrt{\frac{kg}{W}}=\sqrt{\frac{4\times10^3\times9.8}{500}}=8.854\text{rad/s}$$

体系阻尼比为

$$\xi=\frac{c}{2m\omega_n}=\frac{0.05\times10^3}{2\times8.854\times\frac{500}{9.8}}=0.05534$$

动力放大系数为

$$R_D=\frac{1}{2\xi}=9.035$$

体系发生共振时产生的振幅为

$$A=[u(t)]_{\max}=R_D u_{st}=R_D\frac{P_0}{k}=112.94\text{mm}$$

【例 3-5】 如图 3-10 所示，悬臂梁受简谐荷载作用，质量均集中于其端部，已知：$W=10\text{kN}$，$P=2.5\text{kN}$，$E=2\times10^5\text{MPa}$，$I=1130\text{cm}^4$，$\omega=57.6\text{rad/s}$，$l=1.5\text{m}$。求该悬臂梁结构在图示简谐荷载作用下的最大竖向位移和梁端 A 处的弯矩幅值。

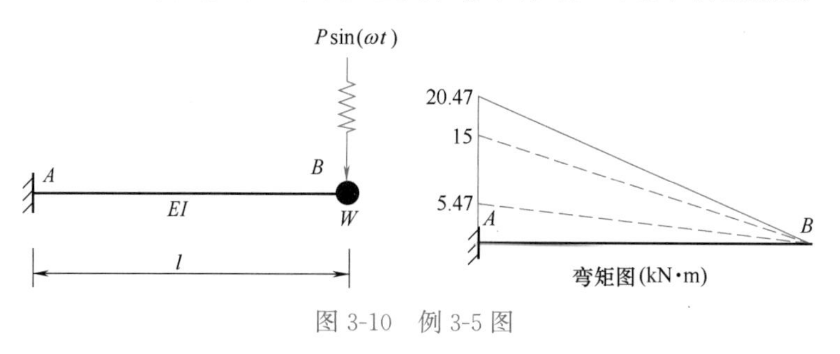

图 3-10 例 3-5 图

解法 1：该悬臂梁结构的柔度系数为

$$\delta=\frac{l^3}{3EI}=\frac{1.5^3}{3\times2\times10^{11}\times1130\times10^{-8}}=4.978\times10^{-7}\text{m/N}$$

重力引起的弯矩和位移分别为

$$\begin{cases}M_W=Wl=15\text{kN}\cdot\text{m}\\ \Delta_W=W\delta=4.978\times10^{-3}\text{m}\end{cases}$$

该悬臂梁结构体系自振频率为

$$\omega_n=\sqrt{\frac{1}{m\delta}}=\sqrt{\frac{g}{\Delta_W}}=44.37\text{rad/s}$$

在该简谐荷载作用下体系的动力放大系数为

$$R_D=\frac{1}{\left|1-\frac{\omega^2}{\omega_n^2}\right|}=1.459$$

动荷载幅值引起的静位移和内力分别为

$$\begin{cases}u_{st}=P\delta=2.5\times10^3\times4.978\times10^{-7}=1.244\times10^{-3}\text{m}\\M_{st}=Pl=3.75\text{kN}\cdot\text{m}\end{cases}$$

体系动荷载引起的位移和弯矩幅值为

$$\begin{cases}\Delta_A=R_Du_{st}=1.815\times10^{-3}\text{m}\\M_A=R_DM_{st}=5.471\text{kN}\cdot\text{m}\end{cases}$$

由此，体系在简谐荷载作用下的最大竖向位移和梁端 A 处的弯矩幅值为

$$\begin{cases}A_{max}=\Delta_W+\Delta_A=6.793\text{mm}\\M_{max}=M_W+M_A=20.471\text{kN}\cdot\text{m}\end{cases}$$

解法 2：首先求得悬臂梁结构的柔度系数、重力引起的弯矩和位移、体系自振频率和动力放大系数，这些求解与解法 1 相同。接下来将振动造成的影响结果视为惯性力作用。

由振动引起的惯性力幅值为

$$f_I=m\ddot{u}_{max}=mR_Du_{st}\omega_n^2=3.646\text{kN}$$

惯性力幅值引起的位移和弯矩幅值为

$$\begin{cases}\Delta_I=f_I\delta=1.815\times10^{-3}\text{m}\\M_I=f_Il=5.471\text{kN}\cdot\text{m}\end{cases}$$

由此，体系在简谐荷载作用下的最大竖向位移和梁端 A 处的弯矩幅值为

$$\begin{cases}A_{max}=\Delta_W+\Delta_I=6.793\text{mm}\\M_{max}=M_W+M_I=20.471\text{kN}\cdot\text{m}\end{cases}$$

上述计算表明，两种求解方法的结果完全相同。

3.4 任意周期荷载作用下的振动*

对于体系在任意周期荷载作用下的响应，有两种方法可以求解：一是将周期荷载展开成三角函数形式的傅里叶级数；二是将周期荷载展开成指数形式的傅里叶级数。本教材只简述第一种方法。

3.4.1 周期荷载的傅里叶级数表达式

任意周期荷载均可用一系列简谐荷载项的叠加来表示，以图 3-11 所示的周期为 T_p 的任意周期荷载为例。

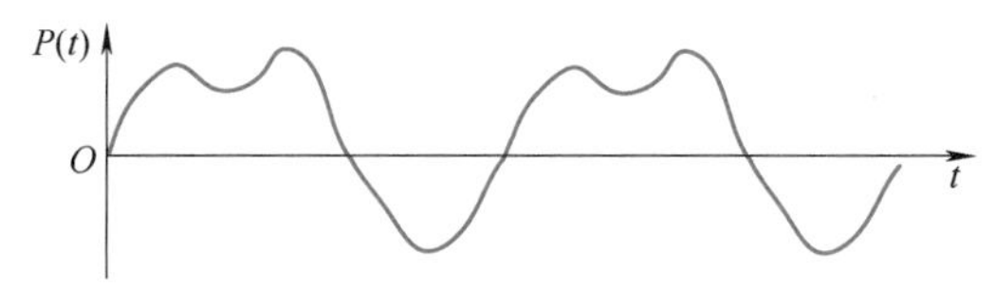

图 3-11 任意周期荷载

任意周期荷载的傅里叶三角级数表达式为

$$P(t)=a_0+\sum_{j=1}^{\infty}a_j\cos(j\omega t)+\sum_{j=1}^{\infty}b_j\sin(j\omega t) \tag{3-38}$$

式中，$\omega=2\pi/T_{\mathrm{P}}$，每项简谐荷载的幅值为

$$\begin{cases}a_0=\dfrac{1}{T_{\mathrm{P}}}\displaystyle\int_0^{T_{\mathrm{P}}}P(t)\mathrm{d}t\\ a_j=\dfrac{2}{T_{\mathrm{P}}}\displaystyle\int_0^{T_{\mathrm{P}}}P(t)\cos(j\omega t)\mathrm{d}t\\ b_j=\dfrac{2}{T_{\mathrm{P}}}\displaystyle\int_0^{T_{\mathrm{P}}}P(t)\sin(j\omega t)\mathrm{d}t\end{cases} \tag{3-39}$$

3.4.2 动力响应求解

按三角级数展开后，周期荷载被分解为一个静荷载和多个简谐荷载的叠加，其中静荷载作用下的响应为一个常数，正弦荷载和余弦荷载作用下的响应可以用3.3节的方法进行求解。

单自由度体系的运动方程为

$$\ddot{u}+2\xi\omega_{\mathrm{n}}\dot{u}+\omega_{\mathrm{n}}^2u=\frac{P(t)}{m} \tag{3-40}$$

将式（3-40）的荷载写成三角级数：

$$\ddot{u}(t)+2\xi\omega_{\mathrm{n}}\dot{u}(t)+\omega_{\mathrm{n}}^2u(t)=\frac{1}{m}\left[a_0+\sum_{j=1}^{\infty}a_j\cos(j\omega t)+\sum_{j=1}^{\infty}b_j\sin(j\omega t)\right] \tag{3-41}$$

式中，a_0 为一个周期内荷载的平均值，它引起的位移响应为

$$u^{(0)}=\frac{a_0}{k} \tag{3-42}$$

根据3.3节的内容，余弦项 $a_j\cos(j\omega t)$ 引起的位移响应为

$$u_{\mathrm{c}}^{(j)}=\frac{a_j}{m}\frac{2\xi\omega_{\mathrm{n}}j\omega}{(\omega_{\mathrm{n}}^2-j^2\omega^2)^2+4\xi^2j^2\omega^2\omega_{\mathrm{n}}^2}\sin(j\omega t)+\frac{a_j}{m}\frac{\omega_{\mathrm{n}}^2-j^2\omega^2}{(\omega_{\mathrm{n}}^2-j^2\omega^2)^2+4\xi^2j^2\omega^2\omega_{\mathrm{n}}^2}\cos(j\omega t) \tag{3-43}$$

令 $\beta_j=\dfrac{j\omega}{\omega_{\mathrm{n}}}$，可得

$$u_{\mathrm{c}}^{(j)}=\frac{a_j}{k}\frac{2\xi\beta_j}{(1-\beta_j^2)^2+(2\xi\beta_j)^2}\sin(j\omega t)+\frac{a_j}{k}\frac{1-\beta_j^2}{(1-\beta_j^2)^2+(2\xi\beta_j)^2}\cos(j\omega t) \tag{3-44}$$

正弦项 $b_j\sin(j\omega t)$ 引起的位移响应为

$$u_{\mathrm{s}}^{(j)}=\frac{b_j}{k}\frac{2\xi\beta_j}{(1-\beta_j^2)^2+(2\xi\beta_j)^2}\cos(j\omega t)+\frac{b_j}{k}\frac{1-\beta_j^2}{(1-\beta_j^2)^2+(2\xi\beta_j)^2}\sin(j\omega t) \tag{3-45}$$

将 $u^{(0)}$、$u_{\mathrm{c}}^{(j)}$、$u_{\mathrm{s}}^{(j)}$ 叠加起来，得到周期荷载作用下的稳态响应：

$$u(t)=\frac{1}{k}\left\{a_0+\sum_{j=1}^{\infty}\frac{[2\xi\beta_ja_j+b_j(1-\beta_j^2)]\sin(j\omega t)+[a_j(1-\beta_j^2)-2\xi\beta_jb_j]\cos(j\omega t)}{(1-\beta_j^2)^2+(2\xi\beta_j)^2}\right\} \tag{3-46}$$

如果体系无阻尼（$\xi=0$），有

$$u(t)=\frac{1}{r_{11}}\left\{a_0+\sum_{j=1}^{\infty}\frac{1}{1-\beta_j^2}[a_j\cos(j\omega t)+b_j\sin(j\omega t)]\right\} \tag{3-47}$$

上述求解过程，用手算较为困难，通常采用电算。

【例 3-6】 单自由度体系受到周期荷载的作用，如图 3-12 所示，不计阻尼，其自振周期 $T=3T_P/4$，刚度为 k_{11}，求稳态响应。

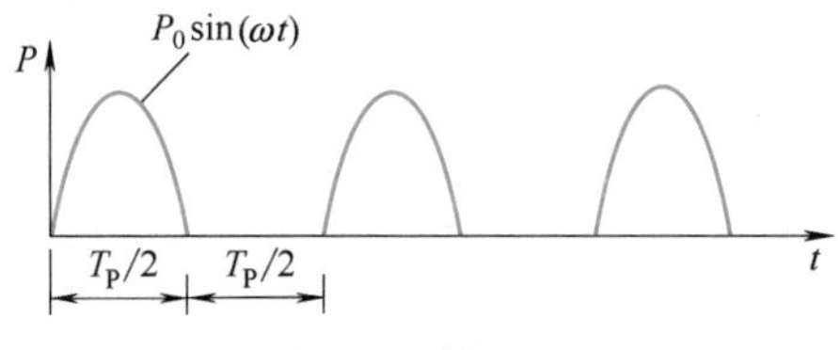

图 3-12 例 3-6 图

解：$a_0=\frac{1}{T_P}=\int_0^{\frac{T_P}{2}}P_0\sin(\omega t)\mathrm{d}t=\frac{P_0}{\pi}$

$$b_j=\frac{2}{T_P}\int_0^{\frac{T_P}{2}}P_0\sin(\omega t)\sin(j\omega t)\mathrm{d}t=\begin{cases}\frac{P_0}{2} & j=1\\ 0 & j>1\end{cases}$$

$$a_j=\frac{2}{T_P}\int_0^{\frac{T_P}{2}}P_0\sin(\omega t)\cos(j\omega t)\mathrm{d}t=\begin{cases}0 & j\text{ 为奇数}\\ \frac{P_0}{\pi}\frac{2}{1-j^2} & j\text{ 为偶数}\end{cases}$$

$$u(t)=\frac{P_0}{k_{11}\pi}\left[1+\frac{8\pi}{7}\sin(\omega t)+\sum_{j=1}^{\infty}\left(\frac{1}{1-9/(4j^2)}\right)\frac{2}{1-4j^2}\cos(2j\omega t)\right]$$

如图 3-13 所示，显然越是高次谐波，其幅值越小。一般来说，实际计算时只需要取前几个谐波分量即可满足要求。

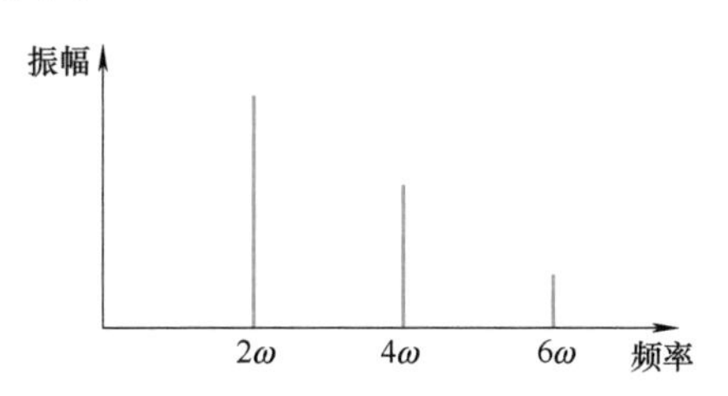

图 3-13 振幅-频率关系图

3.5 任意荷载作用下的振动

体系在任意荷载作用下的响应有两种求解方法：时域法和频域法。频域法将在随机振动章节给出介绍。本节只讲述时域法，即杜哈梅积分法。

3.5.1 杜哈梅积分

单自由度体系在任意荷载作用下的运动方程为

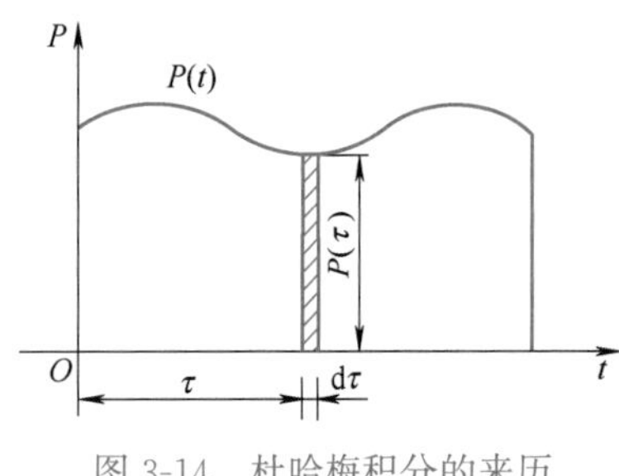

图 3-14 杜哈梅积分的来历

$$\ddot{u}+2\xi\omega_{\mathrm{n}}\dot{u}+\omega_{\mathrm{n}}^{2}u=\frac{P(t)}{m} \tag{3-48}$$

式中，$\omega_{\mathrm{n}}=\sqrt{\frac{k}{m}}$，$\xi=\frac{c}{2m\omega_{\mathrm{n}}}$。

方程式（3-48）由通解和特解两部分组成，通解是由初位移和初速度引起的自由振动，与 3.2 节求解方法相同。特解是由荷载引起的强迫振动，可由杜哈梅积分进行求解。

如图 3-14 所示，任意一般荷载 $P(t)$，在 $t=\tau$ 时刻的荷载大小为 $P(\tau)$，$P(\tau)$ 在一段时间隔 $\mathrm{d}\tau$ 内产生冲量 $P(\tau)\mathrm{d}\tau$，该冲量会引起结构以 τ 时刻开始的初速度$\frac{P(\tau)\mathrm{d}\tau}{m}$。根据 3.1 节式（3-10）的结果，$\tau$ 时刻初速度会引起 τ 时刻之后的振动，该冲量对 τ 时刻之后振动的贡献为

$$\mathrm{d}u=\frac{P(\tau)\mathrm{d}\tau}{m\omega_{\mathrm{n}}}\sin\omega_{\mathrm{n}}(t-\tau) \tag{3-49}$$

按照这个思路，整个荷载时程可视为一系列冲量（脉冲）的叠加，位移响应为这些脉冲造成响应的叠加，即

$$u(t)=\frac{1}{m\omega_{\mathrm{n}}}\int_{0}^{t}P(\tau)\sin\omega_{\mathrm{n}}(t-\tau)\mathrm{d}\tau \tag{3-50}$$

有阻尼时：

$$\mathrm{d}u=\frac{P(\tau)\mathrm{d}\tau}{m\omega_{\mathrm{D}}}\mathrm{e}^{-\xi\omega_{\mathrm{n}}(t-\tau)}\sin\omega_{\mathrm{D}}(t-\tau) \tag{3-51}$$

$$u(t)=\frac{1}{m\omega_{\mathrm{D}}}\int_{0}^{t}P(\tau)\mathrm{e}^{-\xi\omega_{\mathrm{n}}(t-\tau)}\sin\omega_{\mathrm{D}}(t-\tau)\mathrm{d}\tau \tag{3-52}$$

式（3-52）为杜哈梅积分公式。由于采用了积分的方法，杜哈梅积分只适用于线弹性体系。

3.5.2 脉冲响应函数

如果对式（3-51）做变换如下：

$$\mathrm{d}u=\frac{P(\tau)\mathrm{d}\tau}{m\omega_{\mathrm{D}}}\mathrm{e}^{-\xi\omega_{\mathrm{n}}(t-\tau)}\sin\omega_{\mathrm{D}}(t-\tau)=h(t-\tau)P(\tau)\mathrm{d}\tau \tag{3-53}$$

$$h(t-\tau)=\frac{1}{m\omega_{\mathrm{D}}}\mathrm{e}^{-\xi\omega_{\mathrm{n}}(t-\tau)}\sin\omega_{\mathrm{D}}(t-\tau) \tag{3-54}$$

式中，$h(t-\tau)$ 为脉冲响应函数，表示单位脉冲引起的体系响应。

这样，响应可以表示为

$$u(t)=\int_{0}^{t}h(t-\tau)P(\tau)\mathrm{d}\tau \tag{3-55}$$

即沿时间轴分布的一系列脉冲 $P(\tau)\mathrm{d}\tau$ 产生的响应的叠加。式（3-52）与式（3-55）在本质上是一致的，都是冲量贡献的叠加。

3.5.3 杜哈梅积分的求解

虽然杜哈梅积分可求解任意形式荷载作用下的响应，但计算效率不高，积分从 0 时刻开始，计算量较大。当荷载能表示为明确的函数形式时，可以通过直接积分求得动力响应

结果。在实际计算时，荷载通常无法表示成明确的函数形式，此时常采用数值解法对杜哈梅积分进行求解。数值方法有矩形法、梯形法、simson 法等，本书不再讲述。

3.6 突加和冲击荷载作用下的振动*

3.6.1 突加荷载作用

突加荷载时程如图 3-15 所示。

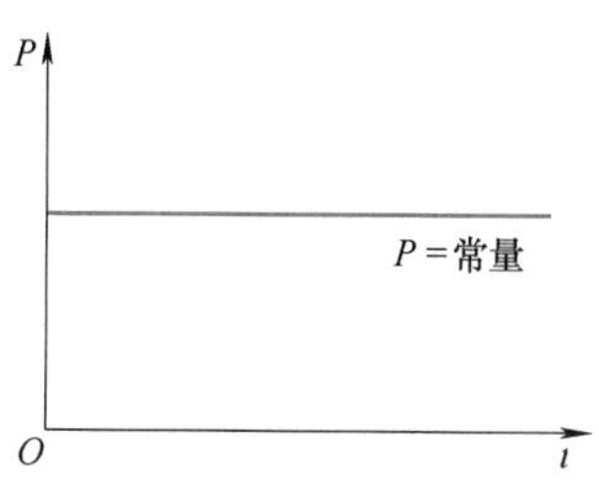

图 3-15 突加荷载

对有阻尼体系，由杜哈梅积分有

$$u(t)=\frac{P\mathrm{e}^{-\xi\omega_{\mathrm{n}}t}}{m\omega_{\mathrm{D}}}\int_{0}^{t}\mathrm{e}^{\xi\omega_{\mathrm{n}}\tau}\sin\omega_{\mathrm{D}}(t-\tau)\mathrm{d}\tau \tag{3-56}$$

对式（3-56）进行积分可得

$$u(t)=\frac{P}{m\omega_{\mathrm{n}}^{2}}\left\{1-\mathrm{e}^{-\xi\omega_{\mathrm{n}}t}\left[\cos(\omega_{\mathrm{D}}t)+\frac{\xi\omega_{\mathrm{n}}}{\omega_{\mathrm{D}}}\sin(\omega_{\mathrm{D}}t)\right]\right\} \tag{3-57}$$

根据式（3-57）的结果或者根据能量守恒定律，最大动位移发生在 $t=T_{\mathrm{D}}/2$ 时，$\mathrm{d}u/\mathrm{d}t=0$，此时的位移为

$$u(t)=u_{\max}=u_{\mathrm{st}}(1+\mathrm{e}^{-\frac{\xi\omega_{\mathrm{n}}T_{\mathrm{D}}}{2}}) \tag{3-58}$$

式（3-58）中，$R_{\mathrm{D}}=1+\mathrm{e}^{-\frac{\xi\omega_{\mathrm{n}}T_{\mathrm{D}}}{2}}$ 为动力放大系数。可见，$1\leqslant R_{\mathrm{D}}\leqslant 2$，突加荷载使体系位移有所增大，当阻尼比为 0 时，动位移幅值是相应静位移的 2 倍。

对无阻尼体系，由杜哈梅积分有

$$u(t)=\frac{P}{m\omega_{\mathrm{n}}}\int_{0}^{t}\sin\omega_{\mathrm{n}}(t-\tau)\mathrm{d}\tau\Rightarrow u(t)=\frac{P}{m\omega_{\mathrm{n}}^{2}}[1-\cos(\omega_{\mathrm{n}}t)] \tag{3-59}$$

$t=T_{\mathrm{D}}/2$ 时，$u_{\max}=2u_{\mathrm{st}}$，此时动力放大系数 $R_{\mathrm{D}}=2$，突加荷载作用下的响应时程如图 3-16 所示。

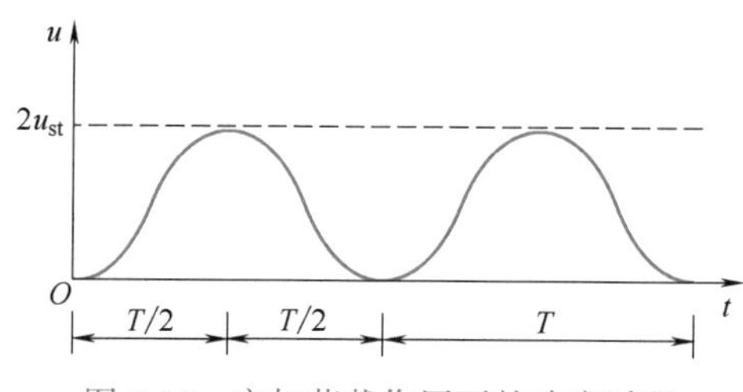

图 3-16 突加荷载作用下的响应时程

3.6.2 三角形脉冲作用

如果将爆炸荷载引起的冲击波近似为三角形脉冲（图 3-17），其荷载曲线可简化为

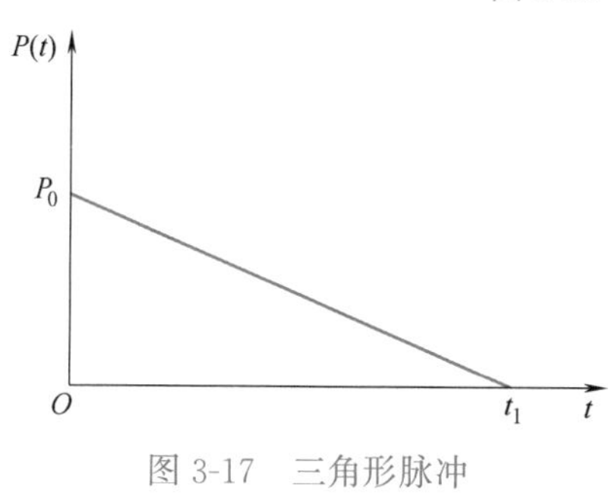

图 3-17 三角形脉冲

$$P(t)=P_{0}\left(1-\frac{t}{t_{1}}\right) \tag{3-60}$$

对于零初始条件下的无阻尼体系：

$t\leqslant t_{1}$ 时，由杜哈梅积分有

$$u(t)=\frac{P_0}{m\omega_n}\int_0^t\left(1-\frac{\tau}{t_1}\right)\sin\omega_n(t-\tau)\mathrm{d}\tau \tag{3-61}$$

积分可得

$$u(t)=\frac{P_0}{m\omega_n^2}\left(\frac{\sin\omega_n t}{\omega_n t_1}-\cos\omega_n t-\frac{t}{t_1}+1\right) \tag{3-62}$$

在 t_1 时刻之后，将以 $t=t_1$ 时刻的振动结果为初始条件做自由振动，$t=t_1$ 时刻的位移和速度分别为

$$\begin{cases}u(t_1)=\dfrac{P_0}{m\omega_n^2}\left[\dfrac{\sin(\omega_n t_1)}{\omega_n t_1}-\cos(\omega_n t_1)\right]\\ \dot{u}(t_1)=\dfrac{P_0}{m\omega_n}\left[\dfrac{\cos(\omega_n t_1)}{\omega_n t_1}+\sin(\omega_n t_1)-\dfrac{1}{\omega_n t_1}\right]\end{cases} \tag{3-63}$$

t_1 时刻之后的振动结果为

$$u(\bar{t})=\frac{\dot{u}(t_1)}{\omega_n}\sin(\omega_n\bar{t})+u(t_1)\cos(\omega_n\bar{t}) \tag{3-64}$$

式中，$\bar{t}=t-t_1$。

对持续时间很短的三角形脉冲（$t_1/T<0.4$），最大响应在 $t>t_1$ 时出现，否则在 $t<t_1$ 时出现。

三角形脉冲的动力放大系数（$R_D=u_{max}/u_{st}$）如表 3-1 所示。

表 3-1　动力放大系数与三角脉冲持时的关系

t_1/T	0.2	0.4	0.5	0.75	1.0	2	∞
R_D	0.66	1.06	1.2	1.42	1.55	1.76	2

根据表 3-1 的结果，可以得到以下总结：

1）当三角形脉冲荷载持续时间很短时，动力放大系数小于 1；

2）随着三角形脉冲持续时间的增大，动力放大系数在 1～2 范围内增长；

3）若三角形脉冲持续时间无限长，动力放大系数最大为 2，与长期突加荷载的结果一致。

3.6.3　矩形脉冲作用

矩形脉冲可以看成一种短时突加荷载，荷载曲线如图 3-18 所示。

对无阻尼单自由度体系，当 $t<t_1$ 时，根据杜哈梅积分有

$$u(t)=\frac{P_0}{m\omega_n^2}[1-\cos(\omega_n t)] \tag{3-65}$$

在 t_1 时刻之后，将以 $t=t_1$ 时刻的振动结果为初始条件做自由振动，$t=t_1$ 时刻的位移和速度分别为

$$u(t_1)=\frac{P_0}{m\omega_n^2}[1-\cos(\omega_n t_1)] \tag{3-66}$$

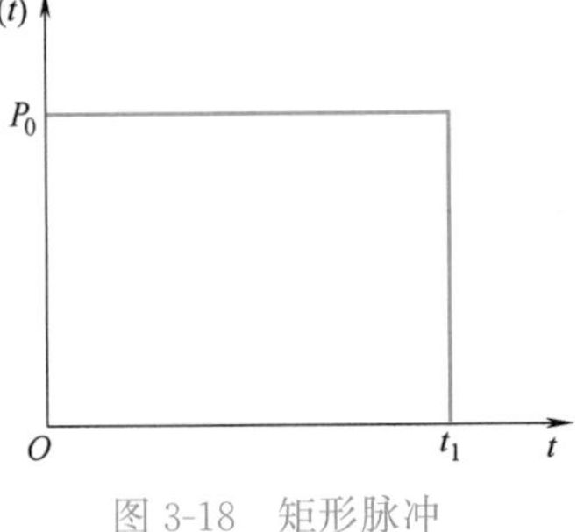

图 3-18　矩形脉冲

$$\dot{u}(t_1)=\frac{P_0}{m\omega_n}\sin(\omega_n t_1) \tag{3-67}$$

以此为初始条件做自由振动

$$u(\bar{t})=\frac{\dot{u}(t_1)}{\omega_n}\sin(\omega_n\bar{t})+u(t_1)\cos(\omega_n\bar{t}) \tag{3-68}$$

式中，$\bar{t}=t-t_1$。

当 $t_1\geqslant T/2$ 时，u_{max} 在 $t\leqslant t_1$ 时出现，此时 $R_D=2$。

当 $t_1\leqslant T/2$ 时，u_{max} 在 $t\geqslant t_1$ 时出现，此时 $R_D=2\sin\frac{\pi t_1}{T}$。

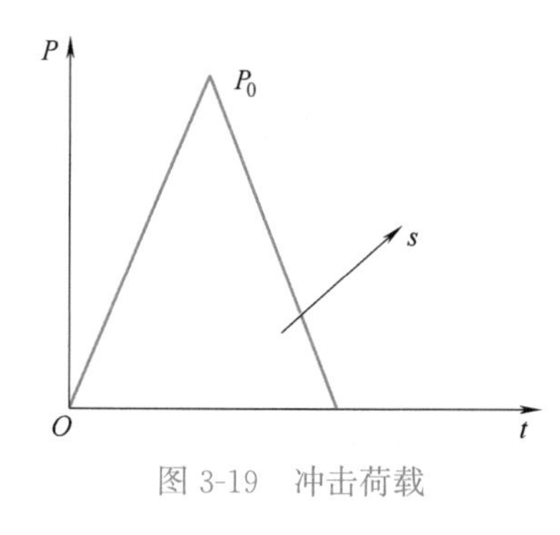

图 3-19 冲击荷载

3.6.4 冲击荷载作用

对于持续时间长的荷载（如 $t/T>1$），动力放大系数主要依赖于荷载达到其最大值的增加速度和荷载降为 0 的减小速度。具有足够持续时间的冲击荷载产生的动力放大系数趋于 2，反之则小于 2。

对于持续时间短的荷载，如 $t/T\ll 1$，动力放大系数主要依赖于荷载的冲量和结构本身的频率，与荷载大小及其随时间的变化关系很小。

如图 3-19 所示的冲击荷载，当 $t<t_1$ 时：

$$u(t)=\frac{1}{m\omega_n}\int_0^t P(\tau)\sin(t-\tau)\mathrm{d}\tau=\frac{1}{m\omega_n}\left[\sin\frac{2\pi t}{T}\int_0^t P(\tau)\cos\frac{2\pi\tau}{T}\mathrm{d}\tau-\cos\frac{2\pi t}{T}\int_0^t P(\tau)\sin\frac{2\pi\tau}{T}\mathrm{d}\tau\right]$$

$$\dot{u}(t)=\frac{1}{m}\left[\cos\frac{2\pi t}{T}\int_0^t P(\tau)\cos\frac{2\pi\tau}{T}\mathrm{d}\tau+\sin\frac{2\pi t}{T}\int_0^t P(\tau)\sin\frac{2\pi\tau}{T}\mathrm{d}\tau\right]$$

如果 $t_1\ll T$，则 $\sin\frac{2\pi t}{T}\approx 0$，$\cos\frac{2\pi t}{T}\approx 1$

故 $u(t_1)=0$，$\dot{u}(t_1)=\frac{1}{m}\int_0^{t_1}P(\tau)\mathrm{d}\tau=\frac{s}{m}$

当 $t>t_1$ 时，$u(t)=\frac{s}{m\omega_n}\sin(\omega_n t)$

故 $u_{max}=\frac{s}{m\omega_n}$（在 $t>t_1$ 时出现），此结果在 $t_1/T<0.1$ 时，误差小于 5%。

如果上述脉冲荷载重复出现，且和结构的自振频率相近，也会造成共振现象。

习　　题

3-1　如图 3-20 所示，在刚架横梁上安装有电机，电机和刚架的质量均集中于刚架横梁上，$W=20\text{kN}$，电机水平离心力幅值 $P=2.5\text{kN}$，电机转速 $n=550\text{r/min}$，柱的线刚度 $i=EI/l=5.88\times10^8\text{N}\cdot\text{cm}$。求电机工作时刚架的最大水平位移和柱端弯矩幅值。

3-2　如图 3-21 所示，机器与基础的总质量为 $m=24\text{t}$，基础面积为 $A=18\text{m}^2$。土壤的弹性压缩模量（基床系数）$E=3000\text{kN/m}^3$，机器运转转速 $n=800\text{r/min}$，简谐荷载幅

值 $P=P_0\sin(\omega t)$，$P_0=12\text{kN}$，土壤的阻尼比为 0.07。求机器与基础作竖向受迫振动时的振幅。

3-3 对如图 3-22 所示的体系作自由振动试验。用钢丝绳将质点拉离平衡位置 4cm，用力 8kN，将绳突然切断，质点开始作自由振动。经 4 个周期，用时 2s。求：(1) 自振周期；(2) 质量。

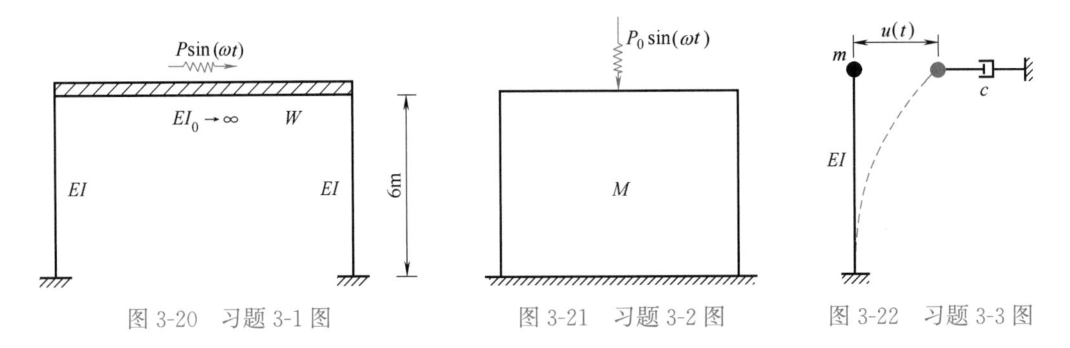

图 3-20 习题 3-1 图　　图 3-21 习题 3-2 图　　图 3-22 习题 3-3 图

3-4 求如图 3-23 所示结构的自振频率，不计杆的轴向变形。

3-5 如图 3-24 所示，各柱 $EI=$常数，横梁 $EI=\infty$，各跨横梁的质量均为 m，柱的质量不计。(1) 求体系的自振周期和自振频率；(2) 横梁的初始位移为 0.2m，初始速度为 0，求自振响应。

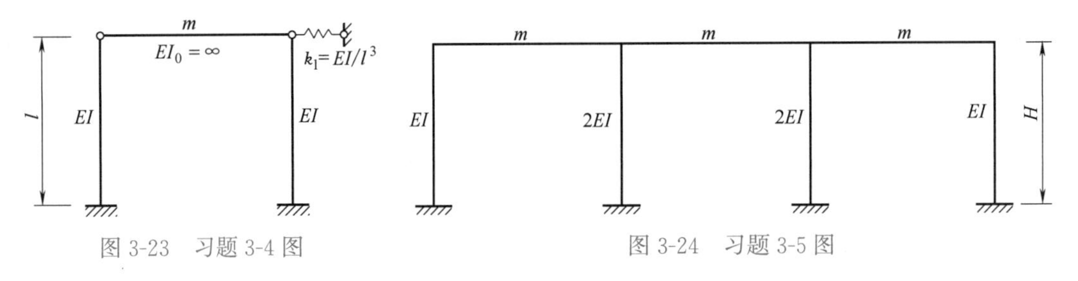

图 3-23 习题 3-4 图　　图 3-24 习题 3-5 图

3-6 如图 3-25 所示，定性比较下图两结构自振频率的大小，并解释原因。

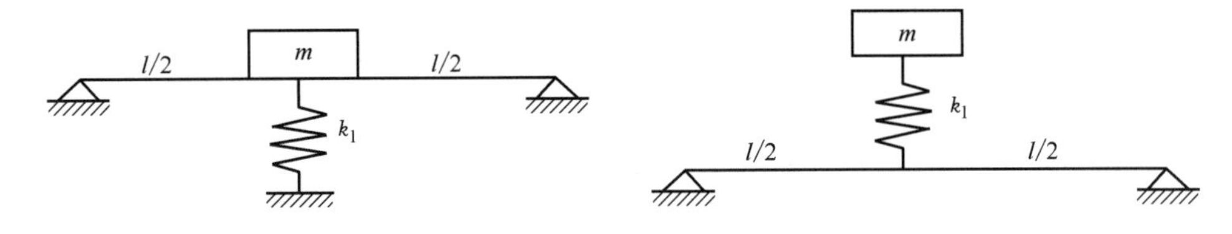

图 3-25 习题 3-6 图

3-7 外伸梁的尺寸如图 3-26 所示，梁的抗弯刚度为 EI，伸臂的端点固定一质量为 M 的重物，不计梁的质量，确定其自由振动的频率；若在初始时刻给重物一个初速度 v_0，求其自由振动的响应。

3-8 如图 3-27 所示，简支梁的抗弯刚度为 $EI=4.0\times10^3\text{N}\cdot\text{m}^2$，在跨中固定质量为 $M=30\text{kg}$ 的重物，不计梁的质量。(1) 确定其自由振动的频率；(2) 若在初始时刻给重物一个初位移 $y_0=0.02\text{m}$ 和初速度 $\dot{y}_0=0$，求自由振动响应；(3) 在重物上施加集中力 $P=90\sin20t(\text{N})$，设初始时刻系统静止，求重物的动力响应和最大动位移。

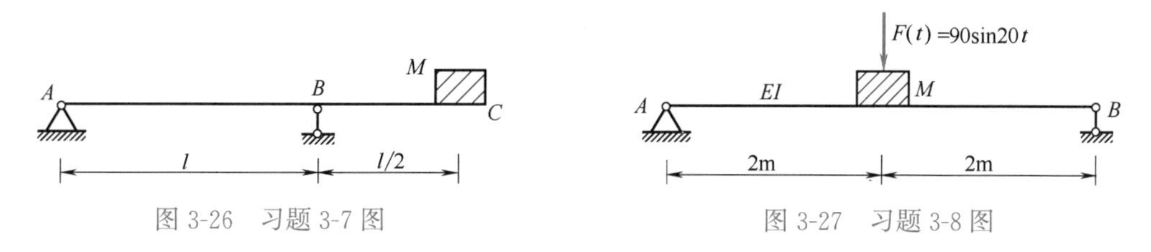

图 3-26　习题 3-7 图　　　　图 3-27　习题 3-8 图

3-9　如图 3-28 所示，简支梁的跨中安装质量为 $M=48$kg 的电机，梁的抗弯刚度 $EI=2.56\times10^{6}\text{N}\cdot\text{m}^{2}$，忽略阻尼，不考虑梁的自重。(1) 求电机作竖向自由振动的固有频率；(2) 设电机转子的质量 $m=4$kg，偏心距 $e=5$mm，转速 $n=3000$r/min，求电机振动的动位移。

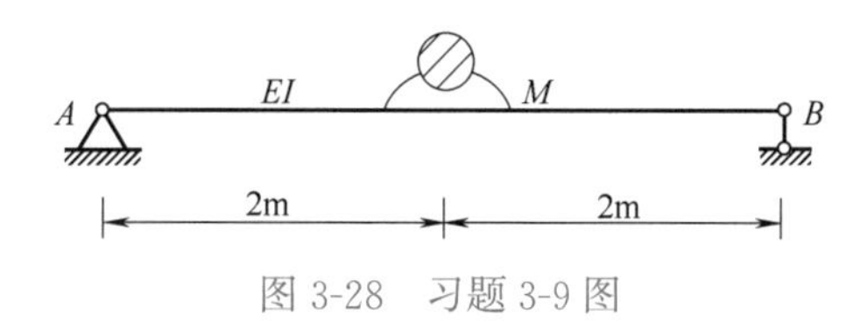

图 3-28　习题 3-9 图

3-10　单自由度建筑物的重量为 900kN，在位移为 3.1cm 时（$t=0$）突然释放，使建筑产生自由振动。如果往复振动的最大位移为 2.2cm（$t=0.64$s）。求建筑物的刚度 k、阻尼比 ξ 及阻尼系数 c。

3-11　单自由度体系的质量为 $m=875$t，刚度为 $k=3500$kN/m，不考虑阻尼。如果初始位移 $u(0)=4.6$cm，而 $t=1.2$s 时的位移仍为 4.6cm。求：$t=2.4$s 时的位移和自由振动的振幅 u_0。

3-12　单自由度结构受正弦力激振，发生共振时，结构的位移振幅为 5.0cm，当激振力的频率变为共振频率的 1/10 时，位移振幅为 0.5cm。求结构的阻尼比 ξ。

3-13　某系统作自由衰减振动，由衰减试验曲线测量发现，经过 10 个周期振幅减至原来的 1/8，计算系统的阻尼比。

3-14　什么临界阻尼？什么是阻尼比？怎样测量结构的阻尼比？一般建筑结构的阻尼比是多少？

3-15　阻尼对自振频率有什么影响？阻尼变大时，结构自振频率如何变化？

3-16　根据动力放大系数的含义，解释“随着时间变化很慢的动力荷载可以看成静力荷载”，很慢的标准是什么？

3-17　为什么说自振频率是结构的固有属性，它与结构哪些参数有关？

第4章

多自由度体系

4.1　自由度的选择

单自由度体系是一种理想模型（图 4-1），适用于“质量可集中于一点的体系”或“可用一个广义坐标来描述运动的体系”。

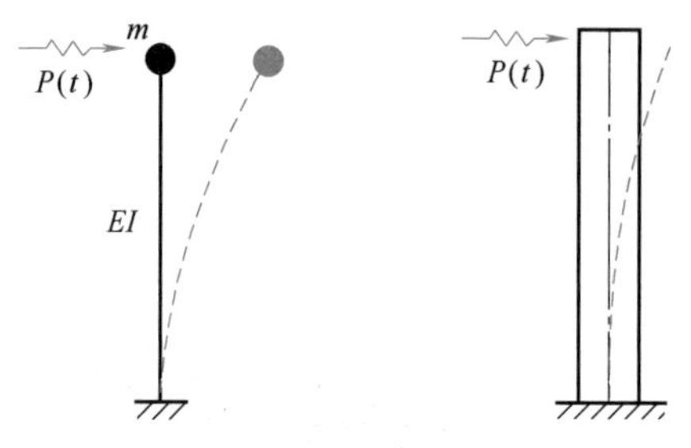

图 4-1　单自由度体系

如果体系的运动必须用多个独立坐标参数来描述，则需要建立多自由度体系模型（图 4-2）。多自由度体系即离散参数体系，其自由度通常对应于结构上集中质量的位移，比如桥梁、高层和高耸结构等。

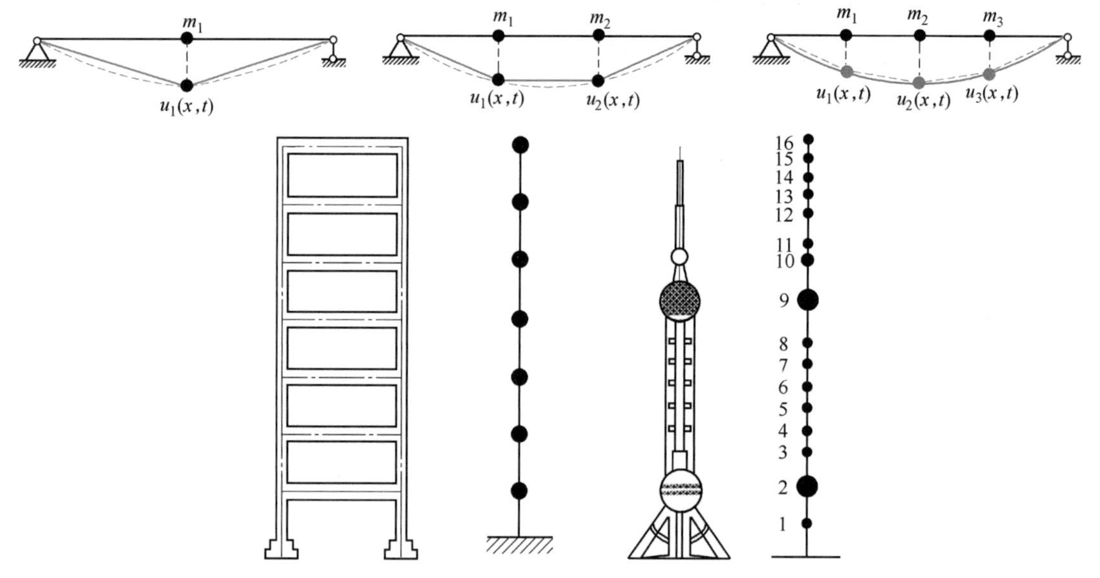

图 4-2　多自由度体系

当采用一组离散质量点的位移 $\{u\}=\{u_1,u_2,\cdots,u_n\}$ 来表示结构位移时，有一些定性原则：

1）质量点的分布应与结构的质量分布情况相符。比如，高层建筑的楼板和电视塔圆球处的质量较大，此处通常需要设置离散质量点。

2）质量点的分布应与结构的变形特征相符。比如，电视塔顶部一段虽然质量较小，但该部分刚度很小、变形较大，需要多个点才能描述该段的变形特征。

3）原则上离散点越多越精确，实际中一般有几个至几十个集中质量即可达到精度要求。

4.2 两自由度体系的自由振动

4.2.1 刚度法求解

如图 4-3 所示为一个两层框架，质量集中在楼板处，不考虑阻尼。

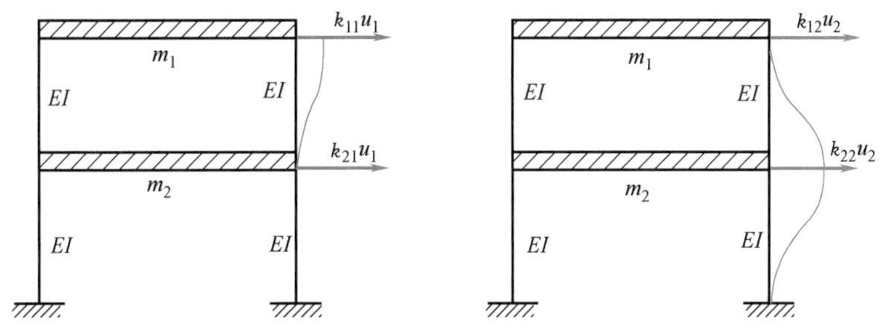

图 4-3 两自由度体系

根据达朗贝尔原理，两自由度体系发生自由振动时，体系的弹性力和惯性力组成平衡方程：

$$\begin{cases} m_1\ddot{u}_1+k_{11}u_1+k_{12}u_2=0 \\ m_2\ddot{u}_2+k_{21}u_1+k_{22}u_2=0 \end{cases} \tag{4-1}$$

式中，$m_1\ddot{u}_1$ 和 $m_2\ddot{u}_2$ 为两层楼板运动产生的惯性力；k 为刚度系数。

根据结构力学的知识，式（4-1）中几个刚度系数的含义为：

使 m_1 发生单位位移，并保持 m_2 不动，此时在 m_1 处所需的力为 k_{11}，在 m_2 处所需的力为 k_{21}。

使 m_2 发生单位位移，并保持 m_1 不动，此时在 m_2 处所需的力为 k_{22}，在 m_1 处所需的力为 k_{12}。

将式（4-1）写成矩阵的形式为

$$\begin{bmatrix} m_1 & 0 \\ 0 & m_2 \end{bmatrix}\begin{Bmatrix} \ddot{u}_1 \\ \ddot{u}_2 \end{Bmatrix}+\begin{bmatrix} k_{11} & k_{12} \\ k_{21} & k_{22} \end{bmatrix}\begin{Bmatrix} u_1 \\ u_2 \end{Bmatrix}=0 \tag{4-2}$$

也可写成

$$[M]\{\ddot{u}\}+[K]\{u\}=0 \tag{4-3}$$

式中，$[M]$ 和 $[K]$ 分别为质量矩阵和刚度矩阵：

$$[M]=\begin{bmatrix} m_1 & 0 \\ 0 & m_2 \end{bmatrix},[K]=\begin{bmatrix} k_{11} & k_{12} \\ k_{21} & k_{22} \end{bmatrix} \tag{4-4}$$

式（4-3）为两自由度体系的无阻尼自由振动方程，其解可设为

$$\begin{cases} u_1=\phi_1\sin(\omega t+\varphi) \\ u_2=\phi_2\sin(\omega t+\varphi) \end{cases} \tag{4-5}$$

式中，两质点 u_1、u_2 具有相同的振动频率 ω 和相位角 φ，ϕ_1 和 ϕ_2 为两质点的位移幅值，两质点位移随时间变化，二者比值始终保持不变，即

$$\frac{u_1(t)}{u_2(t)}=\frac{\phi_1}{\phi_2}=\text{常数} \tag{4-6}$$

这种结构位移形状保持不变的振动形式，称为结构的主振型或振型。

将式（4-5）代入式（4-1）并消去公因子可得

$$\begin{cases}(k_{11}-\omega^2 m_1)\phi_1+k_{12}\phi_2=0\\ k_{21}\phi_1+(k_{22}-\omega^2 m_2)\phi_2=0\end{cases} \tag{4-7}$$

体系发生振动时，ϕ_1 和 ϕ_2 不恒为 0，故方程的系数行列式为 0，即

$$\begin{vmatrix}k_{11}-\omega^2 m_1 & k_{12}\\ k_{21} & k_{22}-\omega^2 m_2\end{vmatrix}=0 \tag{4-8}$$

式（4-8）称为频率方程或特征方程，将其展开整理有

$$(k_{11}-\omega^2 m_1)(k_{22}-\omega^2 m_2)-k_{12}k_{21}=0 \tag{4-9}$$

式（4-9）为 ω^2 的二次方程，求解可得

$$\omega^2=\frac{1}{2}\left(\frac{k_{11}}{m_1}+\frac{k_{22}}{m_2}\right)\pm\sqrt{\left[\frac{1}{2}\left(\frac{k_{11}}{m_1}+\frac{k_{22}}{m_2}\right)\right]^2-\frac{k_{11}k_{22}-k_{12}k_{21}}{m_1 m_2}} \tag{4-10}$$

由于体系的频率是正数，根据以上求解，可以得出 ω 有两个解 ω_1 和 ω_2，按从小到大排列，最小的频率 ω_1 称为一阶（圆）频率或基频，ω_2 称为二阶频率。

将求得的圆频率 ω_1 和 ω_2 分别代入方程（4-7），可得到质点振幅 ϕ_1 和 ϕ_2 的两种比值 ϕ_{11}/ϕ_{21} 和 ϕ_{12}/ϕ_{22}。通常将两种比值写为 $\begin{Bmatrix}\phi_{11}\\ \phi_{21}\end{Bmatrix}$、$\begin{Bmatrix}\phi_{12}\\ \phi_{22}\end{Bmatrix}$，分别为一阶振型和二阶振型，其中 ϕ_{ij} 表示第 j 振型第 i 质点的相对位移幅值，式（4-7）也被称为振型方程。

若将各振型向量的最大值或某一元素值指定为 1，其他元素值同比例调整，称这种振型为归一化振型或标准振型，是实际工程中最常用的振型形式。

两自由度体系的自由振动是两种简谐振动的叠加，即以一阶频率按一阶振型的简谐振动和以二阶频率按二阶振型的简谐振动的叠加，这种叠加可表示为如下线性组合：

$$\begin{cases}u_1=\phi_{11}\sin(\omega_1 t+\varphi_1)+\phi_{12}\sin(\omega_2 t+\varphi_2)\\ u_2=\phi_{21}\sin(\omega_1 t+\varphi_1)+\phi_{22}\sin(\omega_2 t+\varphi_2)\end{cases} \tag{4-11}$$

式（4-11）为两自由度体系的自由振动解，其中待定常数 φ_1、φ_2 可由初始条件确定，确定方法与第 3 章相同，不再讲述。

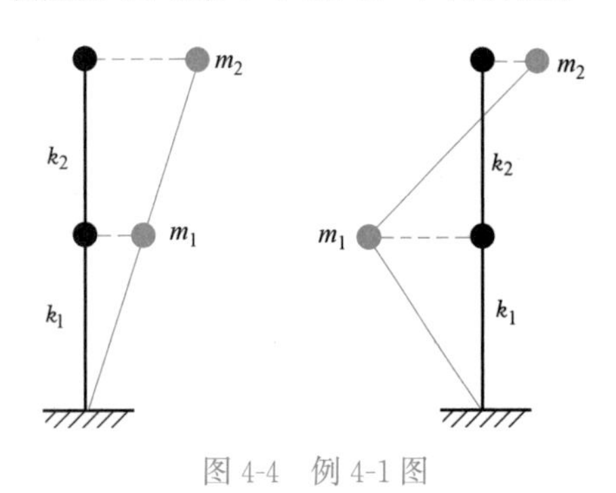

图 4-4　例 4-1 图

对于图 4-3 所示体系，也可以用层间刚度来表示刚度系数，以下面的例题 4-1 来讲述该方法。

【例 4-1】　两质点体系 $m_1=m_2=1000\text{kg}$，层间侧移刚度 $k_1=1500\text{N/m}$，$k_2=1000\text{N/m}$，计算该体系的自振圆频率和振型。

解：层间侧移刚度和结构刚度系数的关系为

$$k_{11}=k_1+k_2,k_{21}=k_{12}=-k_2,k_{22}=k_2$$

将 m_1、m_2、k_{11}、k_{21}、k_{12}、k_{22} 代入式（4-8）中有

$$\omega_1=0.707\text{rad/s},\omega_2=1.732\text{rad/s}$$

将 ω_1 代入式（4-7）可得

$$\phi_{11}/\phi_{21}=\frac{1000}{1500+1000-1000\times\frac{1}{2}}=\frac{1}{2}$$

将 ω_2 代入式（4-7）可得

$$\phi_{12}/\phi_{22}=\frac{1000}{1500+1000-1000\times 3}=-\frac{2}{1}$$

结构的两阶振型如图 4-4 所示，与一阶频率对应的振型称为一阶振型；与二阶频率对应的振型称为二阶振型。

一阶振型 $\{\phi\}_1=\begin{Bmatrix}\phi_{11}\\ \phi_{21}\end{Bmatrix}=\begin{Bmatrix}0.5\\ 1\end{Bmatrix}$，两质点总在同相位。

二阶振型 $\{\phi\}_2=\begin{Bmatrix}\phi_{12}\\ \phi_{22}\end{Bmatrix}=\begin{Bmatrix}1\\ -0.5\end{Bmatrix}$，两质点总在反相位。

4.2.2 柔度法求解

如图 4-5 所示，以两个自由度为例，体系自由振动时质点 m_1、m_2 的位移分别为 u_1、u_2，两质点的惯性力为 $f_{I1}=-m_1\ddot{u}_1$、$f_{I2}=-m_2\ddot{u}_2$。

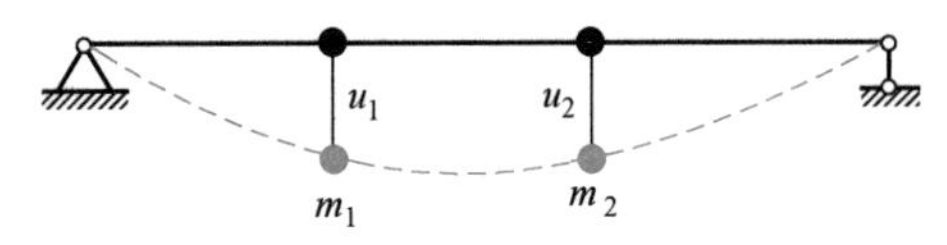

图 4-5 两自由度体系

根据惯性力与位移之间的关系，有

$$\begin{cases}-m_1\ddot{u}_1\delta_{11}-m_2\ddot{u}_2\delta_{12}=u_1\\ -m_1\ddot{u}_1\delta_{21}-m_2\ddot{u}_2\delta_{22}=u_2\end{cases}\tag{4-12}$$

式中，柔度系数 δ_{ij} 的含义为 j 位置处沿 j 自由度运动方向的单位力引起的 i 位置处的沿 i 自由度运动方向的位移。

通常将式（4-12）写成如下运动方程的形式：

$$\begin{cases}(m_1\ddot{u}_1\delta_{11}+u_1)+m_2\ddot{u}_2\delta_{12}=0\\ m_1\ddot{u}_1\delta_{21}+(m_2\ddot{u}_2\delta_{22}+u_2)=0\end{cases}\tag{4-13}$$

式（4-13）解的形式可设为

$$\begin{cases}u_1=\phi_1\sin(\omega t+\varphi)\\ u_2=\phi_2\sin(\omega t+\varphi)\end{cases}\tag{4-14}$$

将（4-14）代入运动方程式（4-13），得

$$\begin{cases}(m_1\delta_{11}-\lambda)\phi_1+m_2\delta_{12}\phi_2=0\\ m_1\delta_{21}\phi_1+(m_2\delta_{22}-\lambda)\phi_2=0\end{cases}\tag{4-15}$$

式中，$\lambda=1/\omega^2$，上式亦可写为

$$[Q]\{\phi\}=\{0\}\tag{4-16}$$

接下来的求解方法与刚度法相同，不再赘述。

【例 4-2】 如图 4-6 所示结构，在梁跨中 D 处和柱顶 A 处有大小相等的集中质量 m，支座 C 处为弹性支承，弹簧的刚度系数 $k=3EI/l^3$。求该结构体系的振型。

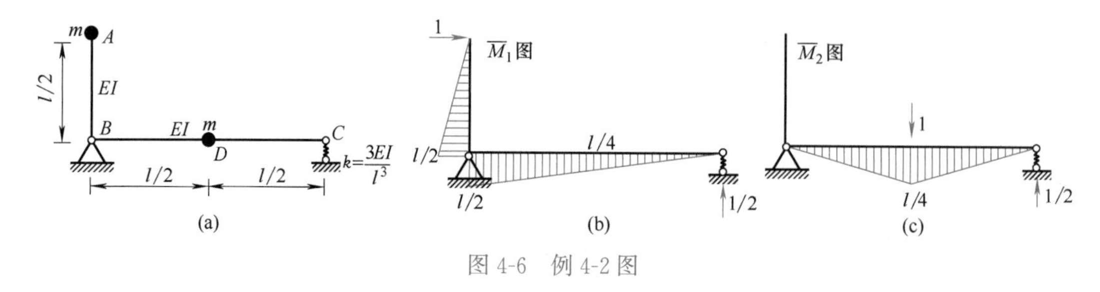

图 4-6 例 4-2 图

解：采用柔度法求解。绘制单位力作用下的弯矩图，如图 4-6（a）、（b）所示，可计算柔度系数分别为

$$\begin{cases}\delta_{11}=\dfrac{1}{EI}\left(\dfrac{1}{2}\cdot\dfrac{l}{2}\cdot\dfrac{l}{2}\cdot\dfrac{2}{3}\cdot\dfrac{l}{2}+\dfrac{1}{2}\cdot l\cdot\dfrac{l}{2}\cdot\dfrac{2}{3}\cdot\dfrac{l}{2}\right)+\dfrac{1}{2}\cdot\dfrac{1}{2}\cdot\dfrac{1}{k}=\dfrac{20l^3}{96EI}\\ \delta_{12}=\delta_{21}=\dfrac{1}{EI}\cdot\dfrac{l}{2}\cdot\dfrac{1}{4}\cdot\dfrac{l}{4}+\dfrac{1}{2}\cdot\dfrac{1}{2}\cdot\dfrac{1}{k}=\dfrac{11l^3}{96EI}\\ \delta_{22}=\dfrac{2}{EI}\cdot\dfrac{1}{2}\cdot\dfrac{l}{2}\cdot\dfrac{1}{4}\cdot\dfrac{2}{3}\cdot\dfrac{l}{4}+\dfrac{1}{2}\cdot\dfrac{1}{2}\cdot\dfrac{1}{k}=\dfrac{10l^3}{96EI}\end{cases}$$

将柔度系数代入方程 $\begin{cases}\left(\delta_{11}m_1-\dfrac{1}{\omega^2}\right)\phi_1+\delta_{12}m_2\phi_2=0\\ \delta_{21}m_1\phi_1+\left(\delta_{22}m_2-\dfrac{1}{\omega^2}\right)\phi_2=0\end{cases}$ 得振型方程，并令 $\lambda=\dfrac{96EI}{ml^3\omega^2}$，

可得振型方程为

$$\begin{cases}(20-\lambda)\phi_1+11\phi_2=0\\ 11\phi_1+(20-\lambda)\phi_2=0\end{cases}$$

上式系数行列式等于零，频率方程为

$$\begin{vmatrix}20-\lambda & 11\\ 11 & 20-\lambda\end{vmatrix}=0,\lambda^2-30\lambda+79=0$$

求解上式计算 λ，进而计算该结构体系的振动频率为

$$\begin{cases}\lambda_1=27.083\\ \lambda_2=2.917\end{cases},\begin{cases}\omega_1=1.883\sqrt{\dfrac{EI}{ml^3}}\\ \omega_2=5.737\sqrt{\dfrac{EI}{ml^3}}\end{cases}$$

分别将 $\omega=\omega_1$、$\omega=\omega_2$ 代入振型方程可得

$$\begin{cases}\dfrac{\phi_{11}}{\phi_{21}}=-\dfrac{\delta_{12}m_2}{\delta_{11}m_1-\dfrac{1}{\omega_1^2}}=-\dfrac{\delta_{12}m_2}{\delta_{11}m_1-\lambda_1}\\ \dfrac{\phi_{12}}{\phi_{22}}=-\dfrac{\delta_{12}m_2}{\delta_{11}m_1-\dfrac{1}{\omega_2^2}}=-\dfrac{\delta_{12}m_2}{\delta_{11}m_1-\lambda_2}\end{cases}$$

令振型最大值为 1，可解得

$$\frac{\phi_{11}}{\phi_{21}}=\frac{1}{0.644},\frac{\phi_{21}}{\phi_{22}}=-\frac{0.644}{1}$$

归一化振型为

$$\{\phi\}_1=\begin{Bmatrix}\phi_{11}\\ \phi_{21}\end{Bmatrix}=\begin{Bmatrix}1\\ 0.644\end{Bmatrix},\{\phi\}_2=\begin{Bmatrix}\phi_{12}\\ \phi_{22}\end{Bmatrix}=\begin{Bmatrix}-0.644\\ 1\end{Bmatrix}$$

由此，可绘制该结构的振型图，如图 4-7 所示。

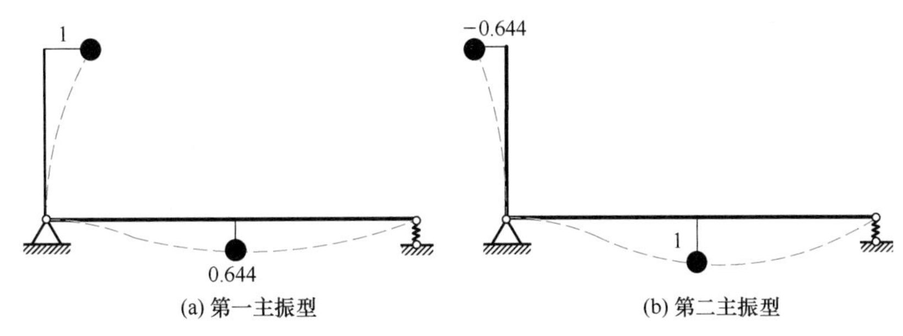

图 4-7 结构振型图

【例 4-3】 如图 4-8 所示，求其频率及振型。已知 $m_1=m_2=m$。

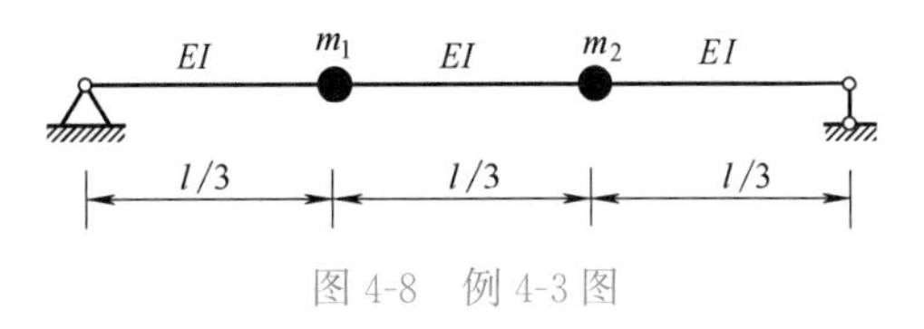

图 4-8 例 4-3 图

解：先求柔度系数：

$$\delta_{11}=\delta_{22}=\frac{8}{486}\frac{l^3}{EI},\delta_{21}=\delta_{12}=\frac{7}{486}\frac{l^3}{EI}$$

将质量和柔度系数代入方程 $\begin{bmatrix}m_1\delta_{11}-\lambda & m_2\delta_{12}\\ m_1\delta_{21} & m_2\delta_{22}-\lambda\end{bmatrix}\begin{bmatrix}\phi_1\\ \phi_2\end{bmatrix}=\begin{Bmatrix}0\\ 0\end{Bmatrix}$

可得频率方程为

$$\left(m\delta_{11}-\frac{1}{\omega^2}\right)\left(m\delta_{22}-\frac{1}{\omega^2}\right)-m^2\delta_{12}\delta_{21}=0$$

解得自振频率为

$$\frac{1}{\omega_1^2}=m(\delta_{11}+\delta_{12}),\frac{1}{\omega_2^2}=m(\delta_{11}-\delta_{12})$$

$$\omega_1=5.69\sqrt{\frac{EI}{ml^3}},\omega_2=22.00\sqrt{\frac{EI}{ml^3}}$$

将 ω_1、ω_2 代入振型方程得

$$\{\phi\}_1=\begin{Bmatrix}\phi_{11}\\ \phi_{21}\end{Bmatrix}=\begin{Bmatrix}1\\ 1\end{Bmatrix}\qquad\{\phi\}_2=\begin{Bmatrix}\phi_{12}\\ \phi_{22}\end{Bmatrix}=\begin{Bmatrix}1\\ -1\end{Bmatrix}$$

振型图见图 4-9。

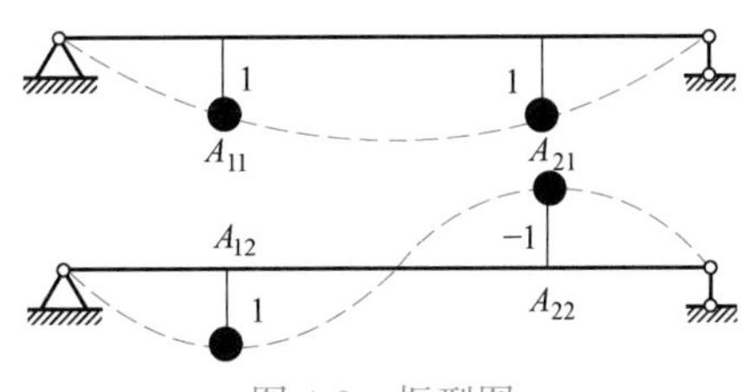

图 4-9 振型图

4.3　多自由度体系的自由振动

4.3.1　自由振动的求解

对于两个自由度以上的多自由度体系的自由振动，求解方法与两自由度体系的求解方法类似，不同之处在于方程矩阵的维数增加了，对应的解的个数也增多了。

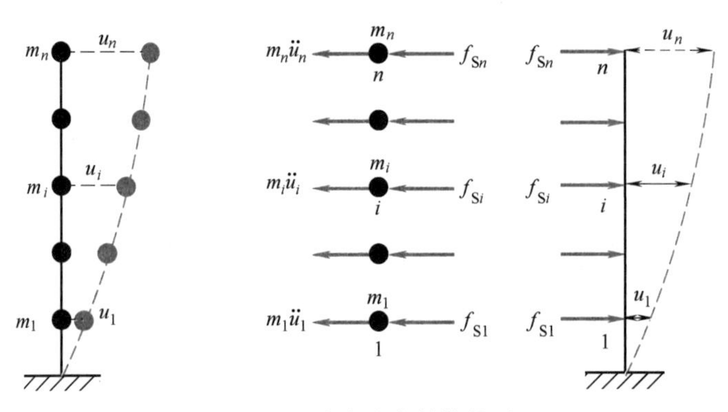

图 4-10　多自由度结构体系

如图 4-10 所示为一具有 n 个自由度的多自由度结构体系。不考虑阻尼，质点 m_i 所受的力包括惯性力和弹性力，即

$$m_i\ddot{u}_i+f_{Si}=0\quad(i=1,2,\cdots,n)\tag{4-17}$$

结构所受的力 f_{Si} 与其位移 u_1、u_2、…、u_n 之间应满足刚度方程为

$$f_{Si}=k_{i1}u_1+k_{i2}u_2+\cdots+k_{in}u_n\quad(i=1,2,\cdots,n)\tag{4-18}$$

将式（4-18）代入式（4-17），得多自由度结构体系的自由振动微分方程为

$$\begin{cases}m_1\ddot{u}_1+k_{11}u_1+k_{12}u_2+\cdots+k_{1n}u_n=0\\m_2\ddot{u}_2+k_{21}u_1+k_{22}u_2+\cdots+k_{2n}u_n=0\\\vdots\qquad\vdots\qquad\vdots\qquad\qquad\vdots\\m_n\ddot{u}_n+k_{n1}u_1+k_{n2}u_2+\cdots+k_{nn}u_n=0\end{cases}\tag{4-19}$$

式（4-19）用矩阵形式表达为

$$\begin{bmatrix}m_1&0&\cdots&0\\0&m_2&\cdots&0\\\vdots&\vdots&\ddots&\vdots\\0&0&\cdots&m_n\end{bmatrix}\begin{Bmatrix}\ddot{u}_1\\\ddot{u}_2\\\vdots\\\ddot{u}_n\end{Bmatrix}+\begin{bmatrix}k_{11}&k_{12}&\cdots&k_{1n}\\k_{21}&k_{22}&\cdots&k_{2n}\\\vdots&\vdots&\ddots&\vdots\\k_{n1}&k_{n2}&\cdots&k_{nn}\end{bmatrix}\begin{Bmatrix}u_1\\u_2\\\vdots\\u_n\end{Bmatrix}=\begin{Bmatrix}0\\0\\\vdots\\0\end{Bmatrix}\tag{4-20}$$

式（4-20）可简写为

$$[M]\{\ddot{u}\}+[K]\{u\}=0\tag{4-21}$$

式中，$[M]$、$[K]$ 分别为质量矩阵和刚度矩阵；$[K]$ 为对称矩阵，$[M]$ 为对角矩阵。

式（4-21）的解可表达为

$$\{u\}=\{\phi\}\sin(\omega t+\varphi)\tag{4-22}$$

将式（4-22）代入式（4-21）并消去公因子可得振型方程

$$([K]-\omega^2[M])\{\phi\}=0\tag{4-23}$$

体系发生振动时，$\{A\}$ 不恒为0，使系数行列式为零，即

$$[K]-\omega^2[M]=0 \tag{4-24}$$

式（4-22）为多自由度结构体系的频率方程，其展开形式为

$$\begin{vmatrix} k_{11}-\omega^2 m_1 & k_{12} & \cdots & k_{1n} \\ k_{21} & k_{22}-\omega^2 m_2 & \cdots & k_{2n} \\ \vdots & \vdots & \ddots & \vdots \\ k_{n1} & k_{n2} & \cdots & k_{nn}-\omega^2 m_n \end{vmatrix}=0 \tag{4-25}$$

求解式（4-25），可得一个关于频率 ω^2 的 n 次代数方程，可求出该方程的 n 个解 ω_1、ω_2、…、ω_n，即为各阶自振频率。

将所求得的任一阶频率 ω_i（$i=1$，2，…，n）代入振型方程式（4-23），可解得各振幅之间的一组比值为

$$u_1 : u_2 : \cdots : u_n=\phi_1 : \phi_2 : \cdots : \phi_n$$

因上述比值不随时间而变化，所以体系按某一自振频率振动的形状是不变的，将其写成列向量的形式 $\{\phi\}_i=\{\phi_{11},\phi_{21},\cdots,\phi_{n1}\}^{\mathrm{T}}$ 即为多自由度体系的第 i 阶振型，每阶振型为一个列向量，n 个振型组成 $n\times n$ 阶的振型矩阵：

$$[\phi]=\begin{bmatrix} \phi_{11} & \phi_{12} & \cdots & \phi_{1n} \\ \phi_{21} & \phi_{12} & \cdots & \phi_{2n} \\ \vdots & \vdots & \ddots & \vdots \\ \phi_{n1} & \phi_{n1} & \cdots & \phi_{n1} \end{bmatrix} \tag{4-26}$$

振型矩阵也可简写为

$$[\phi]=[\{\phi\}_1,\{\phi\}_2,\cdots,\{\phi\}_n] \tag{4-27}$$

为了使主振型向量的元素具有确定的值，令其中所有元素的最大值或某一元素值定为等于1，其余元素同比例调整，求得的主振型称为归一化振型或标准化振型。

本节之前讲述了多自由度体系无阻尼自由振动的求解过程，至于多自由度体系有阻尼自由振动问题，与3.6节的求解思路相同，不涉及新的概念，不再专门讲述。总结而言，多自由度体系的自由振动具有以下性质：

1）解的个数与自由度个数相等，即：有多少个自由度，就有多少个振型和频率。

2）自振频率及振型是体系的自身特性，只与结构的质量、刚度分布有关。

3）多自由度体系的振动是按不同频率振动的线性组合。

【例 4-4】 求如图4-11所示三层刚架的自由振动频率和主振型，横梁的变形略去不计，第一、二、三层的层间侧移刚度系数分别为 k、$\frac{k}{3}$、$\frac{k}{5}$。刚架的质量集中在楼板上，第一、二、三层楼板处的质量分别为 $2m$、m、m。

解： 刚架的刚度系数如图4-12所示，刚度矩阵和质量矩阵分别为

$$[K]=\frac{k}{15}\begin{bmatrix} 20 & -5 & 0 \\ -5 & 8 & -3 \\ 0 & -3 & 3 \end{bmatrix},[M]=m\begin{bmatrix} 2 & 0 & 0 \\ 0 & 1 & 0 \\ 0 & 0 & 1 \end{bmatrix}$$

将其代入频率方程（4-24），并令 $\eta=\frac{15m}{k}\omega^2$，可得

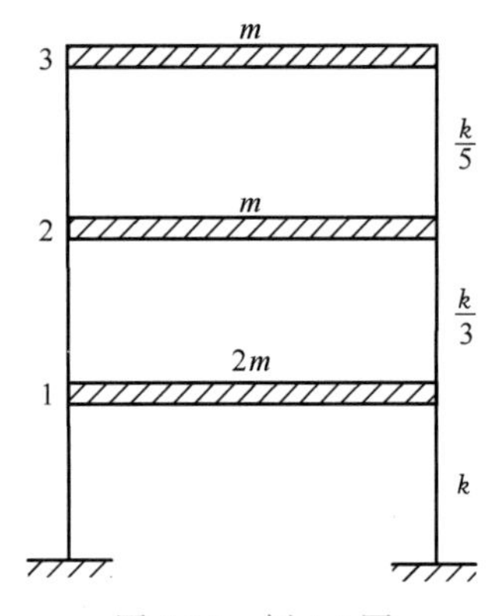

图 4-11 例 4-4 图

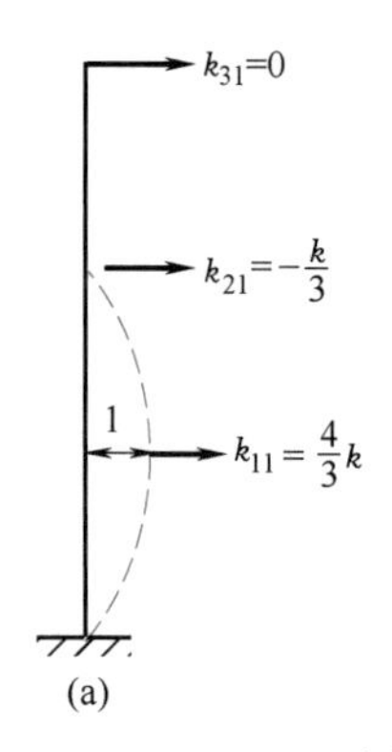

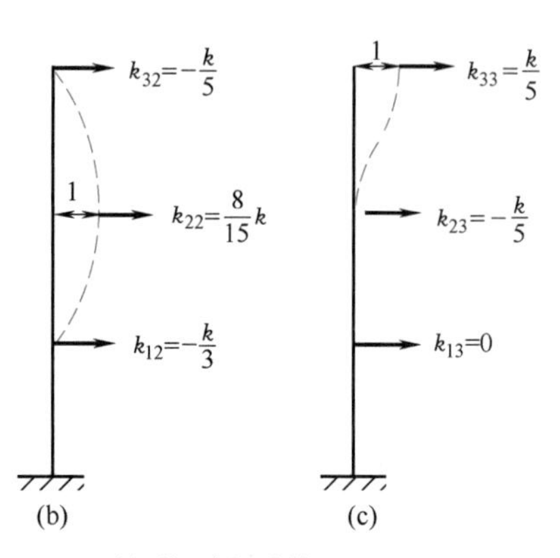

图 4-12 刚架的刚度系数

$$|[K]-\omega^2[M]|=\frac{k}{15}\begin{bmatrix}20-2\eta & -5 & 0\\ -5 & 8-\eta & -3\\ 0 & -3 & 3-\eta\end{bmatrix}=0$$

其展开式为

$$\eta^3-42\eta^2+225\eta-225=0$$

求解可得 $\eta_1=1.293$，$\eta_2=6.680$，$\eta_3=13.027$

该结构体系的频率分别为

$$\omega_1=0.2936\sqrt{\frac{k}{m}},\omega_2=0.6673\sqrt{\frac{k}{m}},\omega_3=0.9319\sqrt{\frac{k}{m}}$$

首先，求第一主振型，将 ω_1 和 η_1 代入得

$$[K]-\omega_1^2[M]=\frac{k}{15}\begin{bmatrix}17.414 & -5 & 0\\ -5 & 6.707 & -3\\ 0 & -3 & 1.707\end{bmatrix}$$

代入式（4-23）中并展开，保留后两个方程，得

$$\begin{cases}-5\phi_{11}+6.0707\phi_{21}-3\phi_{31}=0\\ -3\phi_{21}+1.707\phi_{31}=0\end{cases}$$

规定 $\phi_{31}=1$，上式解为

$$\{\phi\}_1=\begin{Bmatrix}\phi_{11}\\ \phi_{21}\\ \phi_{31}\end{Bmatrix}=\begin{Bmatrix}0.163\\ 0.569\\ 1\end{Bmatrix}$$

其次，求第二主振型，将 ω_2 和 η_2 代入得

$$[K]-\omega_2^2[M]=\frac{k}{15}\begin{bmatrix}6.640 & -5 & 0\\ -5 & 1.320 & -3\\ 0 & -3 & -3.680\end{bmatrix}$$

代入式（4-23）中并展开，保留后两个方程，得

$$\begin{cases}-5\phi_{12}+1.320\phi_{22}-3\phi_{32}=0\\ -3\phi_{22}-3.680\phi_{32}=0\end{cases}$$

令 $\phi_{32}=1$，故上式解为

$$\{\phi\}_2=\begin{Bmatrix}\phi_{12}\\ \phi_{22}\\ \phi_{32}\end{Bmatrix}=\begin{Bmatrix}-0.924\\ -1.227\\ 1\end{Bmatrix}$$

最后，求第三主振型，将 ω_3 和 η_3 代入得

$$[K]-\omega_3^2[M]=\frac{k}{15}\begin{bmatrix}0.640 & -5 & 0\\ -5 & -5.027 & -3\\ 0 & -3 & -10.027\end{bmatrix}$$

代入式（4-23）中并展开，保留后两个方程，得

$$\begin{cases}-5\phi_{13}+5.027\phi_{23}+3\phi_{33}=0\\ 3\phi_{23}+10.027\phi_{33}=0\end{cases}$$

令 $\phi_{33}=1$，故上式解为

$$\{\phi\}_3=\begin{Bmatrix}\phi_{13}\\ \phi_{23}\\ \phi_{33}\end{Bmatrix}=\begin{Bmatrix}2.760\\ -3.342\\ 1\end{Bmatrix}$$

三个主振型的大致形状如图 4-13 所示。

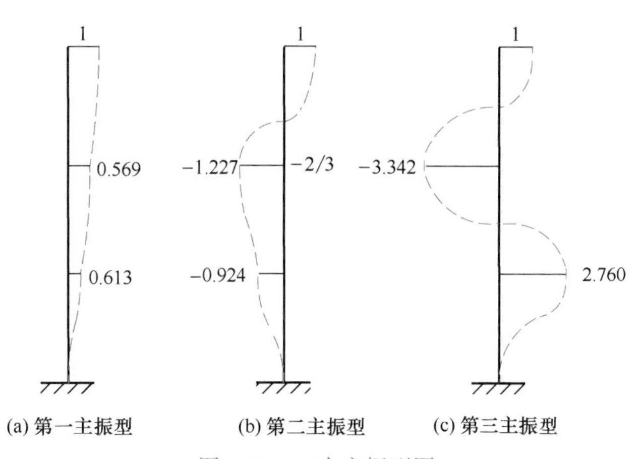

图 4-13 三个主振型图

对于本题，也可以采用柔度法建立多自由度体系的运动方程，在运动方程建立后，振型和频率的求解方法如下。

用 $[K]^{-1}$ 左乘以振型方程式（4-23），利用刚度矩阵与柔度矩阵之间的关系 $[\delta]=[K]^{-1}$，可得

$$([E]-\omega^2[\delta][M])\{\phi\}=0 \tag{4-28}$$

式中，$[E]$ 为单位矩阵。

令 $\lambda=\dfrac{1}{\omega^2}$，式（4-28）可变换为

$$([\delta][M]-\lambda[E])\{\phi\}=0 \tag{4-29}$$

式（4-29）为 n 个自由度体系柔度法求解的振型方程。由此可得结构体系的频率方

程为

$$|[\delta][M]-\lambda[E]|=0 \tag{4-30}$$

其展开形式为

$$\begin{vmatrix} \delta_{11}m_1-\lambda & \delta_{12}m_2 & \cdots & \delta_{1n}m_n \\ \delta_{21}m_1 & \delta_{22}m_2-\lambda & \cdots & \delta_{2n}m_n \\ \vdots & \vdots & \ddots & \vdots \\ \delta_{n1}m_1 & \delta_{n2}m_2 & \cdots & \delta_{nn}m_n-\lambda \end{vmatrix}=0 \tag{4-31}$$

由此得出关于 λ 的 n 次代数方程，可解出 n 个根 λ_1、λ_2、…、λ_n，进而得到 n 个频率 ω_1、ω_2、…、ω_n，然后将频率代入振型方程可求得结构体系的 n 阶振型。

【例 4-5】 如图 4-14 所示的简支梁，等分点上有三个相同的集中质量 m，求体系的自振频率和振型。

解： 该体系有三个振动自由度。分别做出各单位弯矩图 $\overline{M_1}$、$\overline{M_2}$ 和 $\overline{M_3}$，用图乘法计算柔度系数为

$$\delta_{11}=\delta_{33}=\frac{9l^3}{768EI},\delta_{22}=\frac{16l^3}{768EI},\delta_{12}=\delta_{21}=\delta_{23}=\delta_{32}=\frac{11l^3}{768EI},\delta_{13}=\delta_{31}=\frac{7l^3}{768EI}$$

相应的柔度矩阵以及质量矩阵分别为

$$[\delta]=\frac{l^3}{768EI}\begin{bmatrix} 9 & 11 & 7 \\ 11 & 16 & 11 \\ 7 & 11 & 9 \end{bmatrix},[M]=\begin{bmatrix} m & 0 & 0 \\ 0 & m & 0 \\ 0 & 0 & m \end{bmatrix}$$

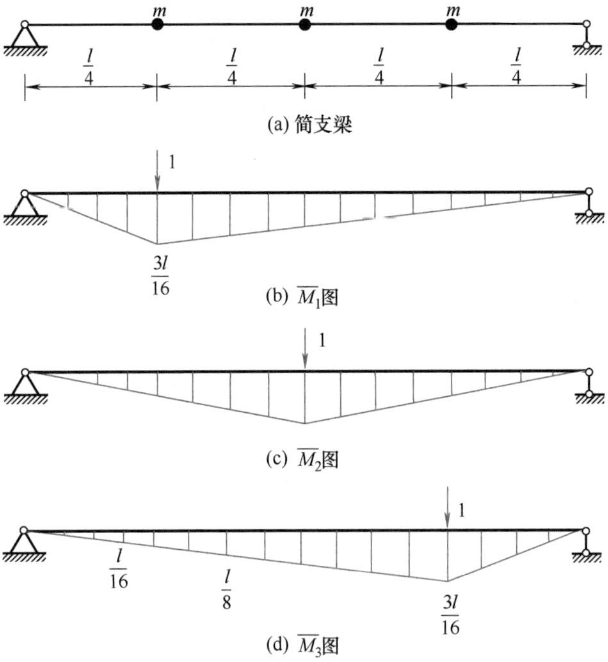

(a) 简支梁

(b) $\overline{M_1}$图

(c) $\overline{M_2}$图

(d) $\overline{M_3}$图

图 4-14 例 4-5 图

将以上柔度矩阵和质量矩阵代入振型方程，并令 $\lambda=\frac{768EI}{ml^3\omega^2}$，有

$$\begin{bmatrix} 9-\lambda & 11 & 7 \\ 11 & 16-\lambda & 11 \\ 7 & 11 & 9-\lambda \end{bmatrix}\{\phi\}=\begin{Bmatrix}0\\0\\0\end{Bmatrix}$$

由振型方程的系数行列式等于零，得频率方程为

$$\begin{bmatrix} 9-\lambda & 11 & 7 \\ 11 & 16-\lambda & 11 \\ 7 & 11 & 9-\lambda \end{bmatrix}=0$$

展开后，得

$$\lambda^3-34\lambda^2+78\lambda-28=0$$

求得方程的三个根为

$$\lambda_1=31.556,\lambda_2=2.000,\lambda_3=0.444$$

据此可求得体系的自振频率为

$$\omega_1=\sqrt{\frac{768EI}{ml^3\lambda_1}}=4.993\sqrt{\frac{EI}{ml^3}},\omega_2=19.569\sqrt{\frac{EI}{ml^3}},\omega_3=41.590\sqrt{\frac{EI}{ml^3}}$$

将 $\lambda=\lambda_1$、$\phi_{11}=1$ 代入振型方程中的前两个方程，可得

$$\begin{cases}11\phi_{21}+7\phi_{31}-22.556=0\\-15.556\phi_{21}+11\phi_{31}+11=0\end{cases}$$

解得 $\phi_{21}=1.414$、$\phi_{31}=1$。于是，第一主振型向量为

$$\{\phi\}_1=\begin{Bmatrix}\phi_{11}\\\phi_{21}\\\phi_{31}\end{Bmatrix}=\begin{Bmatrix}1\\1.414\\1\end{Bmatrix}$$

同理，可求得第二、三主振型向量分别为

$$\{\phi\}_2=\begin{Bmatrix}\phi_{12}\\\phi_{22}\\\phi_{32}\end{Bmatrix}=\begin{Bmatrix}1\\0\\-1\end{Bmatrix},\{\phi\}_3=\begin{Bmatrix}\phi_{13}\\\phi_{23}\\\phi_{33}\end{Bmatrix}=\begin{Bmatrix}1\\-1.414\\1\end{Bmatrix}$$

各阶振型如图 4-15 所示，可见，第一、三主振型是对称的，第二主振型是反对称的。

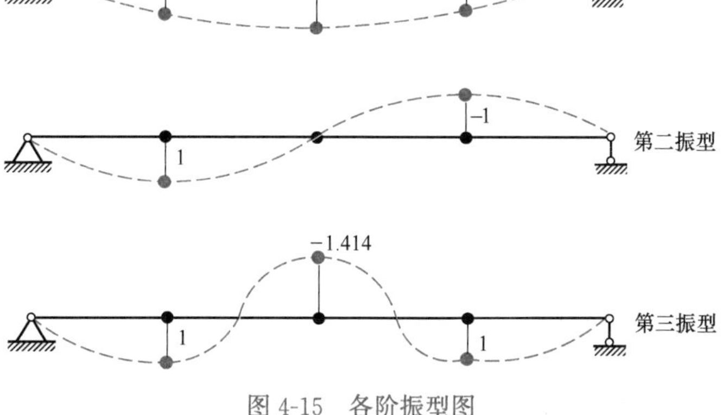

图 4-15　各阶振型图

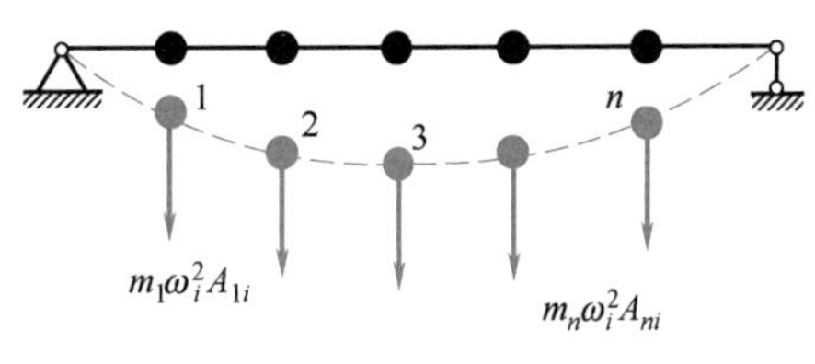

图 4-16 各质点惯性力

4.3.2 振型的正交性

振型的正交性可以由功的互等定理导出。

如图 4-16 所示，第 i 状态的惯性力为 $\omega_i^2[M]\{\phi\}_i$；它在第 j 状态的位移 $\{\phi\}_j$ 上做的功等于第 j 状态的惯性力 $\omega_j^2[M]\{\phi\}_j$ 在第 i 状态的位移 $\{\phi\}_j$ 上做的功，即

$$\omega_i^2\sum_{k=1}^{n}m_k\phi_{ki}\phi_{kj}=\omega_j^2\sum_{k=1}^{n}m_k\phi_{kj}\phi_{ki}\quad\Rightarrow\quad(\omega_i^2-\omega_j^2)\sum_{k=1}^{n}m_k\phi_{ki}\phi_{kj}=0\tag{4-32}$$

当 i 不等于 j 时，$\omega_i^2\neq\omega_j^2$，必有

$$\sum_{k=1}^{n}m_k\phi_{ki}\phi_{kj}=0\tag{4-33}$$

即

$$\{\phi\}_i^{\mathrm{T}}[M]\{\phi\}_j=0\tag{4-34}$$

式（4-34）是振型关于质量矩阵的正交性，它表明相对于质量矩阵来说，不同频率对应的振型彼此正交。

由振型关于质量矩阵的正交性，可导出振型关于刚度矩阵的正交性。式（4-23）可变换为

$$[K]\{\phi\}_j=\omega_j^2[M]\{\phi\}_j\tag{4-35}$$

将上式两边左乘 $\{\phi\}_i^{\mathrm{T}}$ 有

$$\{\phi\}_i^{\mathrm{T}}[K]\{\phi\}_j=0\quad(i\neq j)\tag{4-36}$$

式（4-36）即振型关于刚度矩阵的正交性。

当 $i=j$ 时，有

$$\omega_i=\sqrt{\{\phi\}_i^{\mathrm{T}}[K]\{\phi\}_i/\{\phi\}_i^{\mathrm{T}}[m]\{\phi\}_i}=\sqrt{K_i^*/M_i^*}\tag{4-37}$$

式中，$k_i^*=\{\phi\}_i^{\mathrm{T}}[K]\{\phi\}_i$ 为第 i 振型广义刚度，$M_i^*=\{\phi\}_i^{\mathrm{T}}[M]\{\phi\}_i$ 为第 i 振型广义质量。

4.4 多自由度体系的强迫振动

多自由度体系的强迫振动在实际工程中应用十分广泛，是本书较为重要的章节，也是较难的章节之一。

4.4.1 运动方程的建立

如图 4-17 所示，以多个集中质量的简支梁为例，根据达朗贝尔原理，对任一质量 m_i，有平衡方程

$$f_{\mathrm{I}i}+f_{\mathrm{D}i}+f_{\mathrm{S}i}+P_i(t)=0\tag{4-38}$$

式中，$f_{\mathrm{I}i}$、$f_{\mathrm{D}i}$、$f_{\mathrm{S}i}$、$P_i(t)$ 分别为惯性力、阻尼力、弹性恢复力和外荷载。

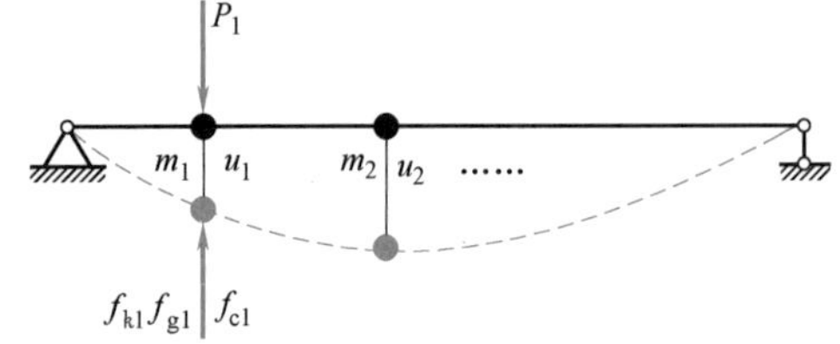

图 4-17 多个集中质量的简支梁

由结构力学知识可知，每一个质量点的位移都可能引起质点 i 的弹性力，故

$$f_{Si}=-(k_{i1}u_1+k_{i2}u_2+\cdots+k_{in}u_n) \tag{4-39}$$

同理
$$\begin{cases} f_{Di}=-(c_{i1}\dot{u}_1+c_{i2}\dot{u}_2+\cdots+c_{in}\dot{u}_n) \\ f_{Ii}=-(m_{i1}\ddot{u}_1+m_{i2}\ddot{u}_2+\cdots+m_{in}\ddot{u}_n) \end{cases} \tag{4-40}$$

式中，k_{ij}、c_{ij}、m_{ij} 分别为刚度系数、阻尼系数和质量影响系数，表示质点 j 上的单位位移、速度、加速度引起 i 点上的力。

可将 n 个质点的平衡方程联立，即

$$[M]\{\ddot{u}\}+[C]\{\dot{u}\}+[K]\{u\}=\{P(t)\} \tag{4-41}$$

式中，$[M]$、$[C]$、$[K]$ 分别为质量矩阵、阻尼矩阵和刚度矩阵；$P(t)$ 为荷载向量。

刚度矩阵 $[K]$ 可用结构静力学方法求得

$$[K]=\begin{bmatrix} k_{11} & k_{12} & \cdots & k_{1n} \\ k_{21} & k_{22} & \cdots & k_{2n} \\ \vdots & \vdots & \ddots & \vdots \\ k_{n1} & k_{n2} & \cdots & k_{nn} \end{bmatrix} \tag{4-42}$$

对于集中质量体系而言，质量矩阵为对角矩阵

$$[M]=\begin{bmatrix} m_1 & 0 & \cdots & 0 \\ 0 & m_2 & \cdots & 0 \\ \vdots & \vdots & \ddots & \vdots \\ 0 & 0 & \cdots & m_n \end{bmatrix} \tag{4-43}$$

阻尼矩阵可根据瑞利阻尼理论实现对角化（式 4-44），此处不再给出具体步骤。在实际中阻尼常以试验或经验直接确定结构的振型阻尼比，不再讲述。

$$[C]=\begin{bmatrix} c_1 & 0 & \cdots & 0 \\ 0 & c_2 & \cdots & 0 \\ \vdots & \vdots & \ddots & \vdots \\ 0 & 0 & \cdots & c_n \end{bmatrix} \tag{4-44}$$

4.4.2 运动方程的解耦

方程式（4-41）是 n 个方程耦联的方程组，通常对方程组进行解耦以方便求解。借助于振型的正交性，可实现多自由度体系运动方程的解耦。

首先，将位移响应向量用正则坐标向量表示：

$$\{u\}=[\phi]\{q\} \tag{4-45}$$

式中，

$$[\phi]=\begin{bmatrix} \phi_{11} & \phi_{12} & \cdots & \phi_{1n} \\ \phi_{21} & \phi_{22} & \cdots & \phi_{2n} \\ \vdots & \vdots & \ddots & \vdots \\ \phi_{n1} & \phi_{n2} & \cdots & \phi_{nn} \end{bmatrix},[q]=\begin{bmatrix} q_1 \\ q_2 \\ \vdots \\ q_n \end{bmatrix}$$

式（4-45）也可写为线性组合的形式：

$$\{u\}=\sum_{j=1}^{n} q_j\{\phi\}_j \tag{4-46}$$

将运动方程$[M]\{\ddot{u}\}+[C]\{\dot{u}\}+[K]\{u\}=\{P(t)\}$左乘振型矩阵的转置$\{\phi\}_i^{\mathrm{T}}$，并代入正则坐标变换$\{u\}=[\phi]\{q\}$有

$$\{\phi\}_i^{\mathrm{T}}[M][\phi]\{\ddot{q}\}+\{\phi\}_i^{\mathrm{T}}[C][\phi]\{\dot{q}\}+\{\phi\}_i^{\mathrm{T}}[K][\phi]\{q\}=\{\phi\}_i^{\mathrm{T}}\{P(t)\} \quad (4\text{-}47)$$

利用振型正交性$\{\phi\}_i^{\mathrm{T}}[M]\{\phi\}_j=0(i\neq j)$、$\{\phi\}_i^{\mathrm{T}}[K]\{\phi\}_j=0(i\neq j)$，并假定振型关于阻尼矩阵也正交$\{\phi\}_i^{\mathrm{T}}[C]\{\phi\}_j=0(i\neq j)$（推导从略），可将式（4-47）简化为

$$\{\phi\}_i^{\mathrm{T}}[M]\{\phi\}_i\{\ddot{q}_i\}+\{\phi\}_i^{\mathrm{T}}[C]\{\phi\}_i\{\dot{q}_i\}+\{\phi\}_i^{\mathrm{T}}[K]\{\phi\}_i\{q_i\}=\{\phi\}_i^{\mathrm{T}}\{P(t)\} \quad (4\text{-}48)$$

即

$$M_i^*\ddot{q}_i+C_i^*\dot{q}_i+K_i^*q_i=P_i^*(t)\Rightarrow\ddot{q}+2\xi_i\omega_i\dot{q}_i+\omega_i^2q_i=\frac{P_i^*(t)}{M_i^*} \quad (4\text{-}49)$$

式中，$M_i^*=\{\phi\}_i^{\mathrm{T}}[M]\{\phi\}_i$，为第$i$振型广义质量；

$C_i^*=\{\phi\}_i^{\mathrm{T}}[C]\{\phi\}_i$，为第$i$振型广义阻尼；

$K_i^*=\{\phi\}_i^{\mathrm{T}}[K]\{\phi\}_i$，为第$i$振型广义刚度；

$\omega_i=\sqrt{K_i^*/M_i^*}$，为第$i$振型圆频率；

$\xi_i=C_i^*/2\sqrt{M_i^*K_i^*}=\dfrac{C_i^*}{2M_i^*\omega_i}$，为第$i$振型阻尼比。

将上述推导进行扩展，以整个振型矩阵的转置$[\phi]^{\mathrm{T}}$左乘运动方程（4-41），可得到n个独立的方程，即由

$$[\phi]^{\mathrm{T}}[M][\phi]\{\ddot{q}\}+[\phi]^{\mathrm{T}}[C][\phi]\{\dot{q}\}+[\phi]^{\mathrm{T}}[K][\phi]\{q\}=[\phi]^{\mathrm{T}}\{P(t)\} \quad (4\text{-}50)$$

可得到

$$\{\phi\}_i^{\mathrm{T}}[m][\phi]\{\ddot{q}\}+\{\phi\}_i^{\mathrm{T}}[C][\phi]\{\dot{q}\}+\{\phi\}_i^{\mathrm{T}}[K][\phi]\{q\}=\{\phi\}_i^{\mathrm{T}}\{P(t)\}\quad(i=1,2,\cdots,n) \quad (4\text{-}51)$$

可写成

$$[M^*]\{\ddot{q}\}+[C^*]\{\dot{q}\}+[K^*]\{q\}=\{P^*(t)\} \quad (4\text{-}52)$$

式中，

$$[M^*]=\begin{bmatrix}M_1^* & & & \\ & M_2^* & & \\ & & \ddots & \\ & & & M_3^*\end{bmatrix};[C^*]=\begin{bmatrix}c_1^* & & & \\ & c_2^* & & \\ & & \ddots & \\ & & & c_3^*\end{bmatrix};[K^*]=\begin{bmatrix}k_1^* & & & \\ & k_2^* & & \\ & & \ddots & \\ & & & k_3^*\end{bmatrix}$$

$$\{P^*(t)\}=\{P_1^*(t)\quad P_2^*(t)\quad\cdots\quad P_n^*(t)\}^{\mathrm{T}} \quad (4\text{-}53)$$

原运动微分方程式（4-42）变成了相互独立的运动微分方程式（4-53），至此完成了解耦过程。

4.4.3 振型叠加法的求解过程

将运动方程组解耦之后，运动方程组化成了n个独立的方程，耦联的n自由度问题化为了n个独立的单自由度问题。每个独立方程的解是各阶振型下的响应，将各阶振型响应进行叠加可得到系统的总响应。这种按振型先分解再叠加的分析方法称为振型叠加法或

振型分解法。

为便于理解，将振型叠加法求解体系响应的完整过程简要叙述如下：

1）建立结构的运动微分方程

$$[M]\{\ddot{u}\}+[C]\{\dot{u}\}+[K]\{u\}=\{P(t)\} \tag{4-54}$$

2）求结构的自振特性

利用振型方程 $([K]-\omega^2[M])\{\phi\}=\{0\}$ 求得圆频率向量 $\{\omega\}$ 和振型矩阵 $[\phi]$。

3）确定广义量，建立正则坐标运动方程

$$M_i^*=\{\phi\}_i^{\mathrm{T}}[M]\{\phi\}_i、K_i^*=\{\phi\}_i^{\mathrm{T}}[K]\{\phi\}_i、C_i^*=\{\phi\}_i^{\mathrm{T}}[C]\{\phi\}_i、P_i^*(t)=\{\phi\}_i^{\mathrm{T}}\{P(t)\}$$

如此，可建立正则坐标的运动微分方程

$$\ddot{q}_i+2\xi_i\omega_i\dot{q}_i+\omega_i^2q_i=\frac{P_i^*(t)}{M_i^*} \tag{4-55}$$

4）求各阶振型的正则坐标响应

根据第 3 章的单自由度求解方法可以求得各阶自由振动响应 q_{i1}，同样根据第 3 章的单自由度求解方法可以求得各阶强迫振动响应 q_{i2}，其中第一个下标 i 表示第 i 阶振型，第二个下标的 1 和 2 分别表示自由振动和强迫振动，两部分之和为第 i 阶振型的响应

$$q_i(t)=q_{i1}(t)+q_{i2}(t) \tag{4-56}$$

5）求体系的几何坐标位移响应

$$\{u\}=[\phi]\{q\} \tag{4-57}$$

或

$$\{u\}=\sum_{j=1}^{n}q_j(t)\{\phi\}_j=\{\phi\}_1q_1(t)+\{\phi\}_2q_2(t)+\cdots+\{\phi\}_nq_n(t) \tag{4-58}$$

6）求体系的其他响应

根据位移响应可以求得体系的其他响应，比如结构的内力响应可表示为

$$\{f_{\mathrm{k}}(t)\}=[K][u]=[K][\phi]\{q\} \tag{4-59}$$

由于 $[K]=\omega^2[M]$，结构内力响应也可表示为

$$\{f_{\mathrm{k}}(t)\}=[K][u]=\omega^2[M][\phi]\{q\} \tag{4-60}$$

如果对位移响应进行求导，可以得到速度和加速度响应。

可以看出，体系的位移响应为各振型贡献的叠加，故名为振型叠加法。各阶振型的贡献一般为低阶振型大、高阶振型小，一般只需取前几阶振型即可满足精度要求。振型叠加法在实际工程中应用较为广泛，很多复杂的结构体系可以通过合理的方式化为多自由度体系，然后基于振型叠加法求解结构振动问题。

4.4.4 振型叠加法求无阻尼体系强迫振动

【例 4-6】 如图 4-18 所示，$m_1=m_2=m$，$P_1(t)=\begin{cases}P_1(t>0)\\0(t<0)\end{cases}$，设阻尼为零，结构静止，无初位移和初速度，求结构的位移响应。

解：列运动微分方程：

$$[M]\{\ddot{u}\}+[K]\{u\}=\{P(t)\}$$

求频率和振型：

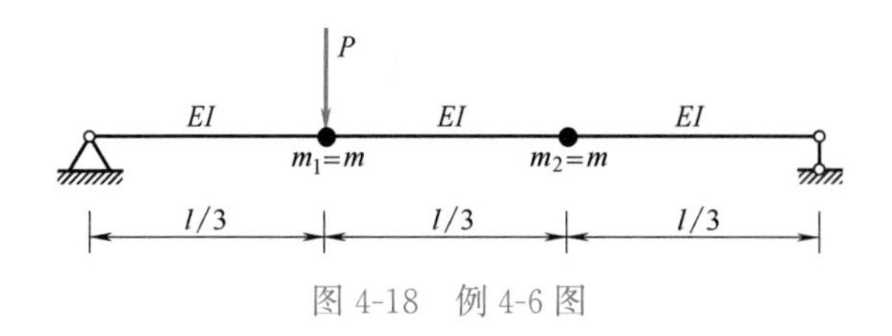

图 4-18　例 4-6 图

$$[[K]-\omega^2[M]]\{\phi\}=0\Rightarrow\begin{vmatrix}k_{11}-\omega^2 m & k_{12}\\ k_{21} & k_{22}-\omega^2 m\end{vmatrix}=0\Rightarrow\omega_1=5.69\sqrt{\frac{EI}{ml^3}};\omega_2=22.0\sqrt{\frac{EI}{ml^3}}$$

代入 $([k]-\omega^2[m])\{\phi\}=0\Rightarrow\{\phi\}_1=\begin{Bmatrix}1\\1\end{Bmatrix}$，$\{\phi\}_2=\begin{Bmatrix}1\\-1\end{Bmatrix}$

求广义质量、广义荷载：

$$M_1^*=\{\phi\}_1^{\mathrm{T}}[M]\{\phi\}_1=2m \qquad M_2^*=\{\phi\}_2^{\mathrm{T}}[M]\{\phi\}_2=2m$$

$$P_1^*(t)=\{\phi\}_1^{\mathrm{T}}\begin{Bmatrix}P_1(t)\\0\end{Bmatrix}=P_1(t) \qquad P_2^*(t)=\{\phi\}_2^{\mathrm{T}}\begin{Bmatrix}P_1(t)\\0\end{Bmatrix}=P_1(t)$$

正则坐标运动微分方程为

$$\begin{cases}\ddot{q}_1(t)+\omega_1^2 q_1(t)=\dfrac{P_1^*(t)}{M_1^*}\\[2ex]\ddot{q}_2(t)+\omega_2^2 q_2(t)=\dfrac{P_2^*(t)}{M_2^*}\end{cases}$$

可解得（此处选用杜哈梅积分求解）

$$q_1(t)=\frac{1}{M_1^*\omega_1}\int_0^t p_1^*(\tau)\sin\omega_1(t-\tau)\mathrm{d}\tau=\frac{P_1}{M_1^*\omega_1^2}[1-\cos(\omega_1 t)]=\frac{P_1}{2m\omega_1^2}[1-\cos(\omega_1 t)]$$

$$q_2(t)=\frac{1}{M_1^*\omega_2}\int_0^t P_2^*(\tau)\sin\omega_2(t-\tau)\mathrm{d}\tau=\frac{P_1}{2m\omega_2^2}[1-\cos(\omega_2 t)]$$

求质点位移：

$$\{u\}=[\phi]\{q\}=\sum_{j=1}^{2}q_j\{\phi\}_j$$

可得

$$u_1(t)=\phi_{11}q_1(t)+\phi_{12}q_2(t)=q_1(t)+q_2(t)=\frac{P_1}{2m\omega_1^2}\{[1-\cos(\omega_1 t)]+0.067[1-\cos(\omega_2 t)]\}$$

$$u_2(t)=\phi_{21}q_1(t)+\phi_{22}q_2(t)=q_1(t)-q_2(t)=\frac{P_1}{2m\omega_2^2}\{[1-\cos(\omega_1 t)]-0.067[1-\cos(\omega_2 t)]\}$$

4.4.5　振型叠加法求有阻尼体系强迫振动

有阻尼多自由度体系的强迫振动响应求解与无阻尼体系计算相同。有阻尼多自由度体系的强迫振动响应求解在实际中更为常用，因为实际结构是有阻尼体系。下面通过例题介绍本节内容。

【例 4-7】 采用振型分解法，计算如图 4-19 所示刚架的动力响应，其中 $\xi_1=\xi_2=$

0.05、$\xi_3=0.0635$、$P_2(t)=(2\text{MN})\sin(\omega t)$、$\omega=250\text{r/min}$。

解：1）求解结构的固有振动特性，此处计算过程省略。结构频率和振型分别为

$$\begin{cases}\omega_1=13.47\text{rad/s}\\ \omega_2=30.12\text{rad/s}\\ \omega_3=46.67\text{rad/s}\end{cases},\{\phi\}_1=\begin{Bmatrix}1\\2/3\\1/3\end{Bmatrix},\{\phi\}_2=\begin{Bmatrix}1\\-2/3\\-2/3\end{Bmatrix},\{\phi\}_3=\begin{Bmatrix}1\\-3\\4\end{Bmatrix}$$

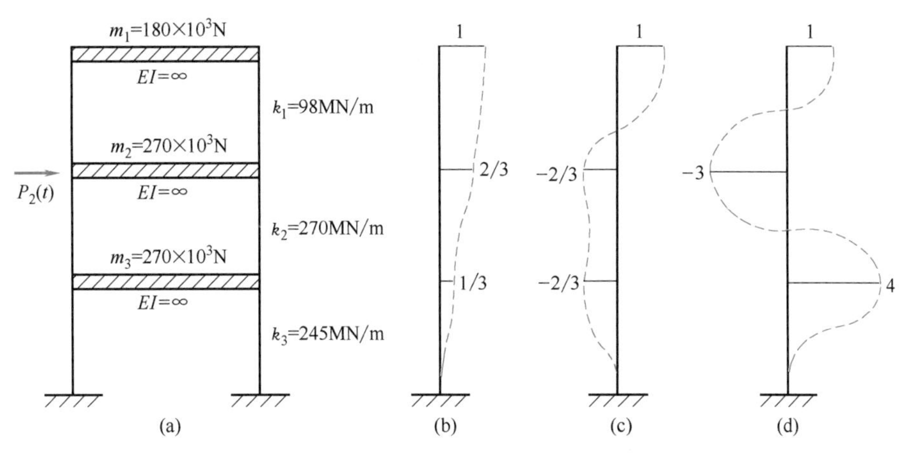

图 4-19 例 4-7 图

2）计算广义质量和广义荷载

$$[M]^*=[\phi]^{\mathrm{T}}[M][\phi]=\begin{bmatrix}1&2/3&1/3\\1&-2/3&-2/3\\1&-3&4\end{bmatrix}\begin{bmatrix}180&0&0\\0&270&0\\0&0&270\end{bmatrix}\begin{bmatrix}1&1&1\\2/3&-2/3&-3\\1/3&-2/3&4\end{bmatrix}\times10^3$$

$$=\begin{bmatrix}330&0&0\\0&420&0\\0&0&6930\end{bmatrix}\times10^3\text{kg}$$

$$[P]^*(t)=\begin{Bmatrix}P_1^*(t)\\P_2^*(t)\\P_3^*(t)\end{Bmatrix}=\begin{Bmatrix}\{\phi\}_1^{\mathrm{T}}P(t)\\\{\phi\}_2^{\mathrm{T}}P(t)\\\{\phi\}_2^{\mathrm{T}}P(t)\end{Bmatrix}=\begin{Bmatrix}\{1\quad 2/3\quad 1/3\}\begin{Bmatrix}0\\2\sin\omega t\\0\end{Bmatrix}\\\{1\quad -2/3\quad -2/3\}\begin{Bmatrix}0\\2\sin\omega t\\0\end{Bmatrix}\\\{1\quad -3\quad 4\}\begin{Bmatrix}0\\2\sin\omega t\\0\end{Bmatrix}\end{Bmatrix}$$

$$=\begin{Bmatrix}(1.333\text{MN})\sin(\omega t)\\-(1.333\text{MN})\sin(\omega t)\\-(6\text{MN})\sin(\omega t)\end{Bmatrix}$$

3）计算正则坐标响应

当干扰力为简谐荷载时，有

$$q_i(t)=\frac{P_i^*}{\omega_i^2}\frac{1}{\sqrt{\left[1-\left(\frac{\omega}{\omega_i}\right)^2\right]^2+\left(2\xi_i\frac{\omega}{\omega_i}\right)^2}}\sin(\omega t-\varphi_i)$$

$$=\frac{P_i^*}{\omega_i^2}\frac{1}{\sqrt{(1-\gamma_i^2)^2+(2\xi_i\gamma_i)^2}}\sin(\omega t-\varphi_i)$$

式中，$\gamma_i=\frac{\omega}{\omega_i}$为第$i$阶频率比；相位角$\varphi_i$按下式计算为

$$\varphi_i=\arctan\frac{2\xi_i\gamma_i}{1-\gamma_i}$$

由此可得

$$\begin{cases}q_1(t)=2.652\sin(\omega t-\varphi_1) & (\varphi_1=-11°39'36'',\omega=26.18\text{rad/s})\\ q_2(t)=-5.691\sin(\omega t-\varphi_2) & (\varphi_2=33°47'24'')\\ q_3(t)=-3.992\sin(\omega t-\varphi_3) & (\varphi_3=9°10'48'')\end{cases}$$

4）计算刚架动力响应

$$\{u(t)\}=\begin{Bmatrix}u_1(t)\\u_2(t)\\u_3(t)\end{Bmatrix}=[\phi]\{q\}=\begin{bmatrix}1&1&1\\2/3&-2/3&-3\\1/3&-2/3&4\end{bmatrix}\begin{Bmatrix}2.652\sin(\omega t-\varphi_1)\\-5.691\sin(\omega t-\varphi_2)\\-3.992\sin(\omega t-\varphi_3)\end{Bmatrix}$$

$$=\begin{Bmatrix}2.652\sin(\omega t+11°39'36'')-5.691\sin(\omega t-33°47'24'')-3.992\sin(\omega t-9°10'48'')\\1.768\sin(\omega t+11°39'36'')+3.794\sin(\omega t-33°47'24'')+11.976\sin(\omega t-9°10'48'')\\2.652\sin(\omega t+11°39'36'')+3.794\sin(\omega t-33°47'24'')-15.968\sin(\omega t-9°10'48'')\end{Bmatrix}$$

$$=\begin{Bmatrix}6.89\sin(\omega t-151°43'48'')\\11.27\sin(\omega t-14°40'48'')\\10.01\sin(\omega t-179°26'24'')\end{Bmatrix}\text{mm}$$

【例 4-8】 如图 4-20 所示刚架在底层横梁上作用简谐荷载 $P_1(t)=P\sin\omega t$，画出第一、二层横梁的振幅 A_1、A_1 与荷载频率 ω 之间的关系曲线。设 $m_1=m_2=m$、$k_1=k_2=k$。

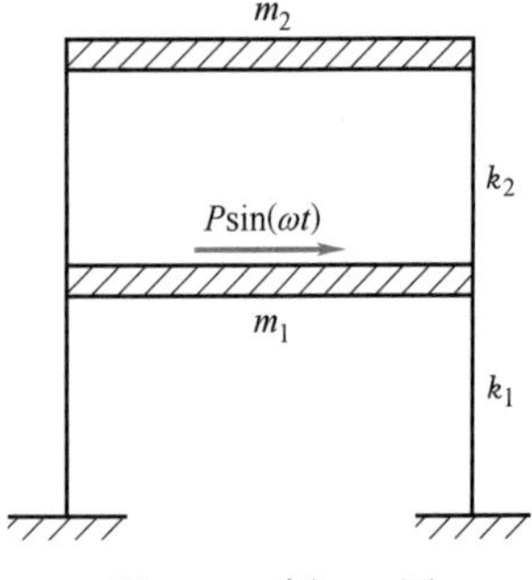

图 4-20 例 4-8 图

本例题不再给出求解过程，仅通过例题了解一些振动的特点和规律。

解：经求解，体系的两个频率分别为

$$\omega_1^2=\frac{3-\sqrt{5}}{2}\frac{k}{m}\Rightarrow\omega_1=0.62\sqrt{\frac{k}{m}}$$

$$\omega_2^2=\frac{3+\sqrt{5}}{2}\frac{k}{m}\Rightarrow\omega_2=1.62\sqrt{\frac{k}{m}}$$

两频率的比值为 $\omega_1:\omega_2=0.62:1.62=1:2.62$

进一步求得位移幅值为

$$
\begin{cases}
\phi_1=\dfrac{P}{k}\dfrac{1-\dfrac{m}{k}\omega^2}{\left(1-\dfrac{\omega^2}{\omega_1^2}\right)\left(1-\dfrac{\omega^2}{\omega_2^2}\right)} \\
\phi_2=\dfrac{P}{k}\dfrac{1}{\left(1-\dfrac{\omega^2}{\omega_1^2}\right)\left(1-\dfrac{\omega^2}{\omega_2^2}\right)}
\end{cases}
$$

两质量的当量振幅$\dfrac{\phi_1}{u_{st}}$、$\dfrac{\phi_2}{u_{st}}$与频率比$\dfrac{\omega}{\omega_1}$之间的关系曲线如图 4-21 所示。

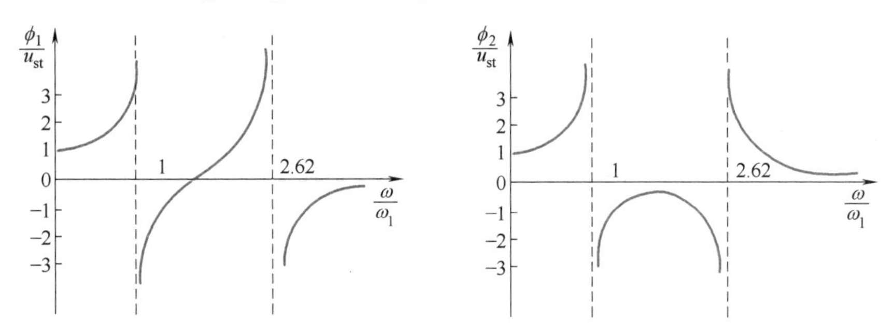

图 4-21　两质量的当量振幅与频率比关系曲线

由上述求解结果可以看出，当 $\omega=0.618\sqrt{\dfrac{k}{m}}=\omega_1$ 和 $\omega=1.618\sqrt{\dfrac{k}{m}}=\omega_2$ 时，ϕ_1 和 ϕ_2 趋于无穷大。可见，在两个自由度的体系中，$\omega=\omega_1$ 和 $\omega=\omega_2$ 时都可能出现共振现象。具体来说，当荷载频率很小时，频率比远小于 1，两质量的振幅与静位移近似相等；随着荷载频率的增大，频率比逐渐接近于 1，两质量的振幅逐渐增大，当频率比为 1 时，发生一阶共振，两振幅显著增大；随着荷载频率继续增大，频率比逐渐远离 1，两质量振动幅值逐渐减小；当频率比逐渐接近 2.62 的过程中，即荷载频率逐渐接近二阶自振频率时，两振动幅值又逐渐增长，并在荷载频率与二阶频率相等时发生二阶共振；而后随着荷载频率的增大，两振幅又逐渐减小，在频率比接近无穷大时，振幅降低为 0。

扩展讨论：本题当$\dfrac{k_2}{m_2}=\omega^2$ 时，位移幅值经计算为：

$$
\begin{cases}
\phi_1=0 \\
\phi_2=-\dfrac{P}{k_2}
\end{cases}
$$

这说明，在图 4-22（a）的结构上，附加以适当的 m_2、k_2 系统可以消除 m_1 的振动[图 4-22（b）]，这即是动力吸振器的原理。设计吸振器时，可先根据 m_2 的许可振幅 $\phi_2=-\dfrac{P}{k_2}$选定 k_2，再由 $m_2=\dfrac{k_2}{\omega^2}$确定 m_2 的值。

应该强调，这种吸振器本身的固有频率只有一个固定的值$\sqrt{k_2/m_2}$，因而只能消除频率与它相等的干扰力所产生的振动。当机器的转速 ω 改变时，相应的干扰力频率也发生了变化，这种吸振器便不再能消振。对于频率可变的干扰力所产生的强迫振动，需采用有

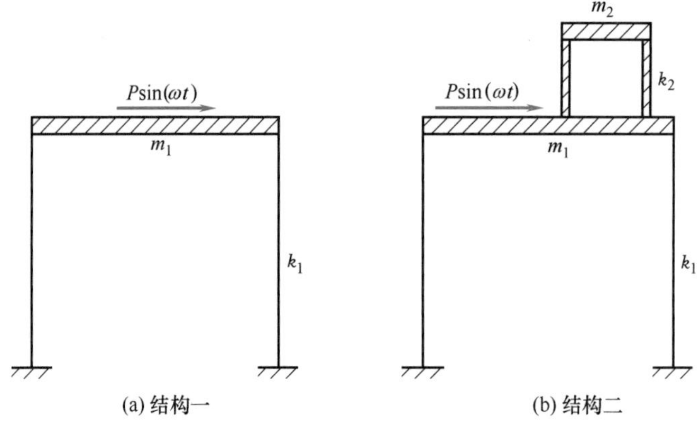

图 4-22 吸振器原理

阻尼的吸振器来实现消振。已被工程实际应用的调频质量阻尼系统（Tuned Mass Damper，简称 TMD）和调频液体阻尼系统（Tuned Liquid Damper，简称 TLD）等结构振动控制技术，都应用了这一原理。

习 题

4-1 确定如图 4-23 所示体系的动力自由度，不进行计算，标出振型示意图。

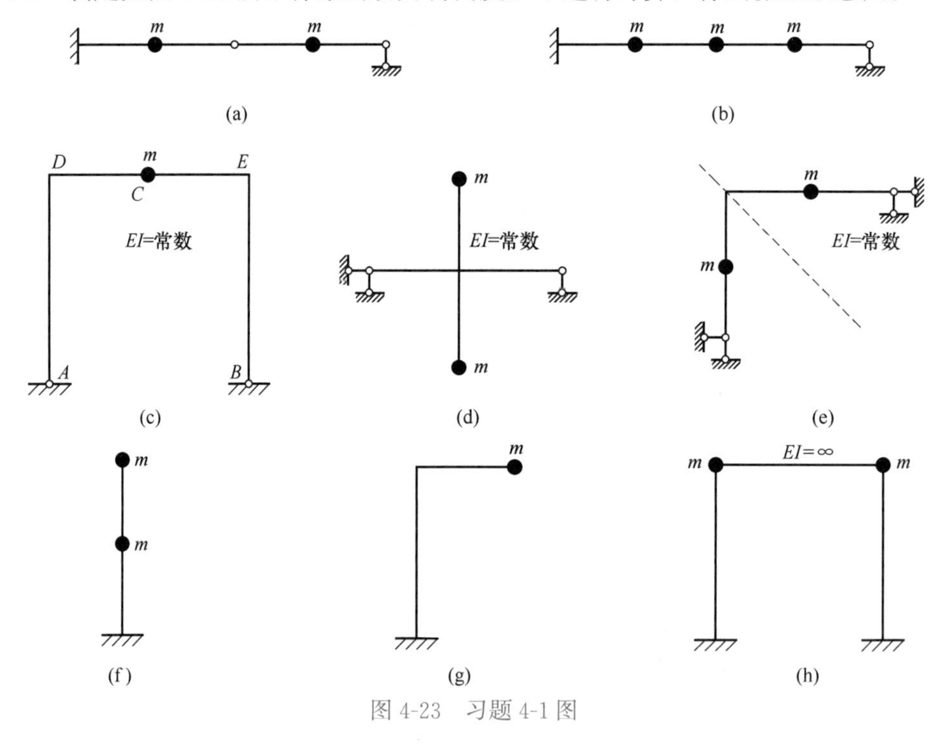

图 4-23 习题 4-1 图

4-2 某高层建筑可以简化成 3 个质点的多自由度体系。已知该建筑的一、二阶自振频率分别为 1Hz、3Hz，一阶振型为 $\{1, 0.6, 0.3\}^T$，二阶振型为 $\{1, -0.6, -0.77\}^T$，各质点外荷载和质量如图 4-24 所示。(1) 画出前两阶振型图；(2) 只考虑该高层第一阶振型对响应的贡献，求该高层稳态响应；（3）考虑该高层前两阶振型对响应的贡献，求该高层稳态响应。

4-3　如图 4-25 所示，伸臂梁上面有两个集中质量 $m_1=m_2=m$，梁的抗弯刚度为 EI，不计梁的质量，建立系统的自由振动微分方程，并求系统的固有频率。

4-4　如图 4-26 所示，若习题 4-3 中的 A 为固定端，重新计算习题 4-3，比较支座形式对于自振频率的影响，并解释原因。

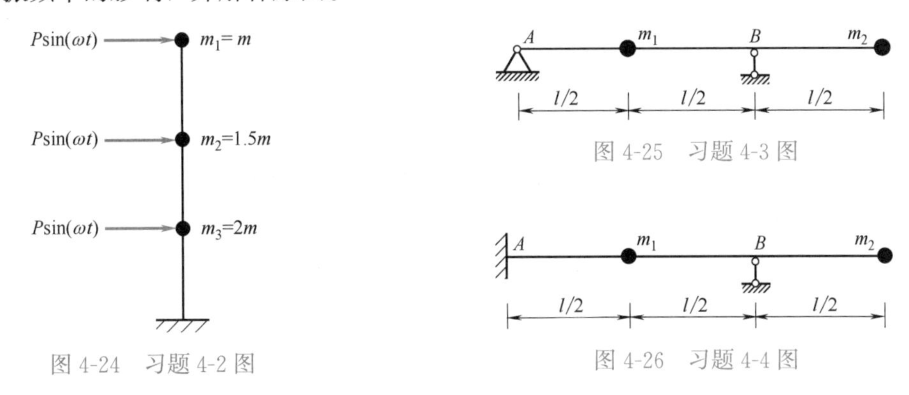

图 4-24　习题 4-2 图

图 4-25　习题 4-3 图

图 4-26　习题 4-4 图

4-5　图 4-27 为二层厂房结构简图。每层楼板质量为 M，刚度无穷大。楼板 AB 受水平荷载 $P(t)=P_0\sin\omega t$，求结构位移响应，不计阻尼。

4-6　如图 4-28 所示的二层结构，柱截面抗弯刚度为 EI，采用集中质量法近似，将结构的质量集中于刚性梁的中部，分别为 m_1 和 m_2，建立结构在外荷载 $P_1(t)$ 和 $P_2(t)$ 作用下的强迫运动方程。

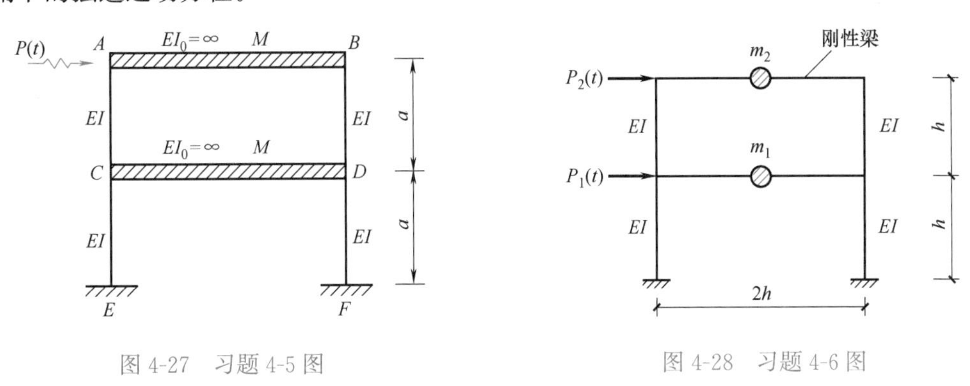

图 4-27　习题 4-5 图

图 4-28　习题 4-6 图

4-7　图 4-29 为由一根柱和两根梁构件组成的结构，柱的下端固接于地面，梁和柱截面抗弯刚度均为 EI，长度为 L。采用集中质量法近似，将各构件的质量分别集中于相应构件的两端，分别为 m、$3m$ 和 m，忽略构件的轴向变形，建立结构的刚度矩阵和质量矩阵，如果地面发生一水平向单位加速度脉冲的作用，即 $\ddot{u}_g=\delta(t)$。求结构的动力反应。

4-8　图 4-30 为惯性式激荡器的原理示意图。由两个偏心质量 m 以角速度 ω 按相反方向转动，e 为质量的偏心距，这样可以使两个偏心质量激励的水平分量相互抵消，铅垂分量合成激励为 $F=2me\omega^2\sin\omega t$。在激荡器转速为 $n=600\text{r/min}$ 时，闪光器显示出激振器的偏心质量在正上方，而结构正好通过静平衡位置向上移动（激励的相位正好超前于位移相位 $\pi/2$），此时振幅为 1cm。（1）求结构的固有频率；（2）如调转速至 $n=2400\text{r/min}$

时，测得振幅为 0.05cm，求 ξ。

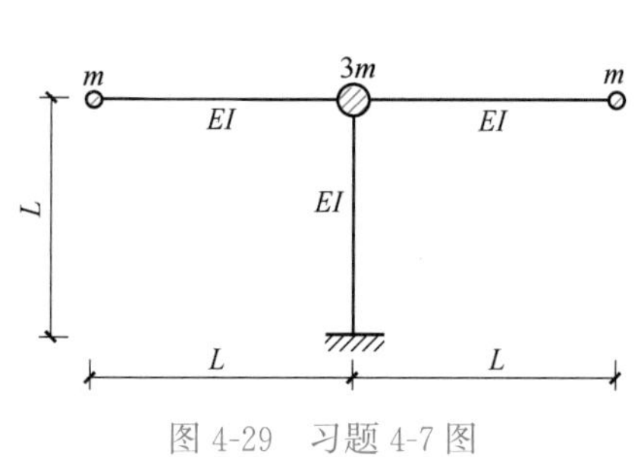

图 4-29　习题 4-7 图

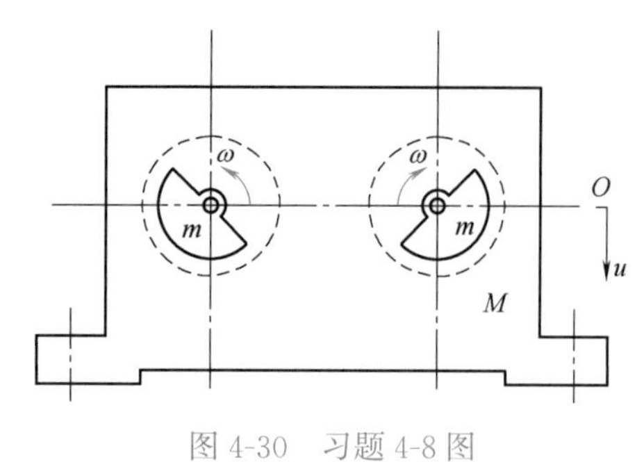

图 4-30　习题 4-8 图

4-9　如图 4-31 所示的弹簧-质量系统中，在两个弹簧的连接处作用一激励 $F_0\sin(\omega t)$。试求质量块 m 的振幅。

4-10　求如图 4-32 所示的有阻尼弹簧-质量系统的振动微分方程，并求其稳态响应。

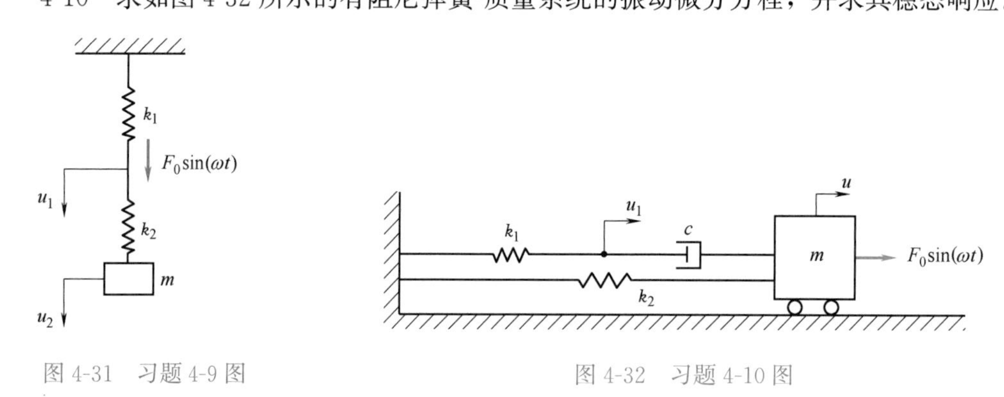

图 4-31　习题 4-9 图

图 4-32　习题 4-10 图

4-11　一单摆铰支在质量 M 的中心，如图 4-33 所示，质量 M 在光滑水平面上滑动，求系统的固有频率。

4-12　如图 4-34 所示的弹簧-质量系统，若 $m_1=m_2=m_3=m$，$k_1=k_2=k_3=k$，求其各阶固有频率和固有振型。

4-13　写出如图 4-35 所示的弹簧-质量系统的刚度矩阵。

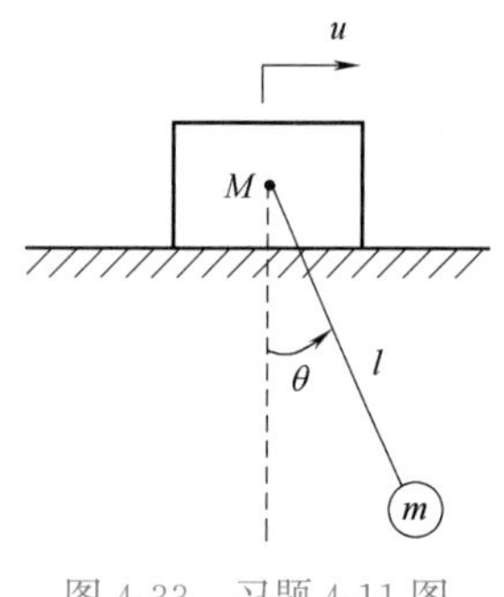

图 4-33　习题 4-11 图

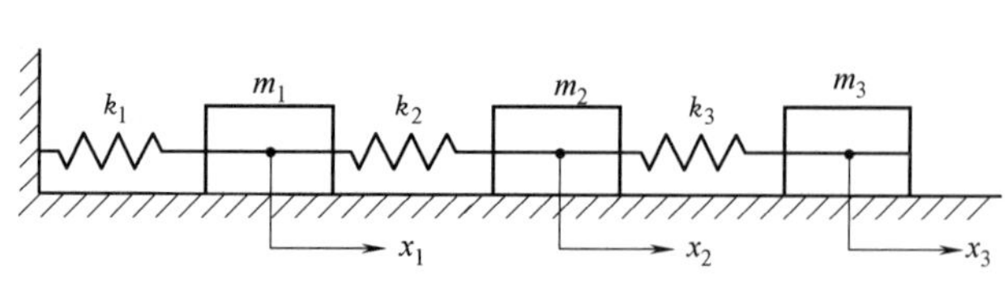

图 4-34　习题 4-12 图

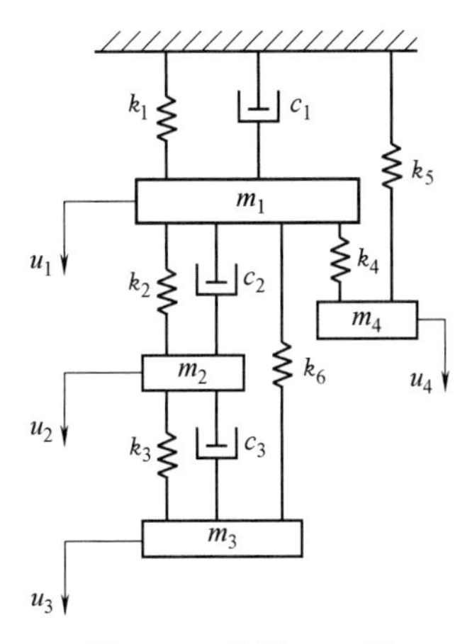

图 4-35　习题 4-13 图

4-14　什么是振型的正交性？振型关于刚度矩阵正交的物理意义是什么？振型关于质量矩阵正交的物理意义是什么？

4-15　验证例题 4-4 的振型正交性。

4-16　验证例题 4-5 的振型正交性。

4-17　什么是多自由度体系的振型，采用振型叠加法进行结构动力计算有什么优点？

4-18　如何使多自由度体系只按某个特定的振型振动？

4-19　n 个自由度体系的共振频率有多少个？为什么？

4-20　对于通常的建筑结构，为什么高阶振型对动力响应的影响一般较小？

第5章

无限自由度体系振动简介*

前述多自由度体系的振动求解方法，可以对任意结构进行动力响应分析。精确来说，实际结构通常由连续分布的质量和连续分布的刚度组成，例如连续的梁、板、壳等结构都是连续弹性体。要描述这样的弹性体系在任意瞬时的振动情况，需要无限多个坐标，这样的体系称为无限自由度体系或分布参数体系。相对于无限自由度体系而言，多自由度体系的结果只是近似解。本章仅以梁的弯曲振动为例，简要介绍无限自由度体系求解问题。

5.1　等截面直杆的弯曲自由振动

5.1.1　运动方程的建立

不考虑具体的边界条件，受弯直杆发生平面弯曲如图 5-1 所示。

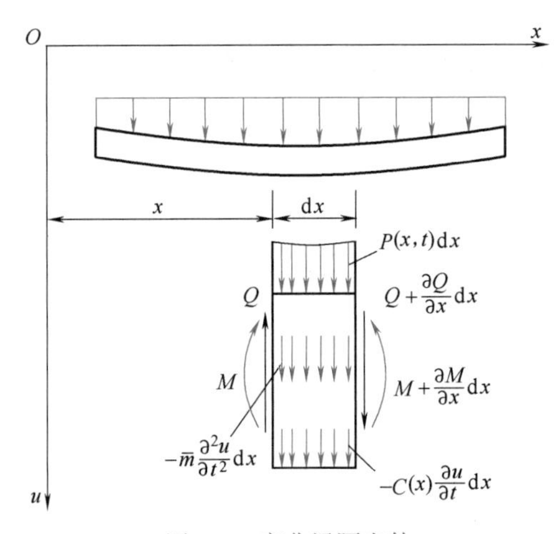

图 5-1　弯曲梁隔离体

由竖向力的平衡条件建立平衡方程

$$\left(Q+\frac{\partial Q}{\partial x}\mathrm{d}x\right)-Q+P(x,t)\mathrm{d}x-\bar{m}\frac{\partial^2 u}{\partial t^2}\mathrm{d}x-C(x)\frac{\partial u}{\partial t}\mathrm{d}x=0 \tag{5-1}$$

可化为

$$\frac{\partial Q}{\partial x}=-P(x,t)+\bar{m}\frac{\partial^2 u}{\partial t^2}+C(x)\frac{\partial u}{\partial t} \tag{5-2}$$

由力矩的平衡条件建立平衡方程

$$M+Q\mathrm{d}x-\left(M+\frac{\partial M}{\partial x}\mathrm{d}x\right)-\left[P(x,t)-\bar{m}\frac{\partial^2 u}{\partial t^2}-C(x)\frac{\partial u}{\partial t}\right]\frac{\mathrm{d}^2 x}{2}=0 \tag{5-3}$$

忽略高阶小量，有$\dfrac{\partial M}{\partial x}=Q$

代入式（5-2）有

$$\frac{\partial^2 M}{\partial x^2}=\frac{\partial Q}{\partial x}=-P(x,t)+\bar{m}\frac{\partial^2 u}{\partial t^2}+C(x)\frac{\partial u}{\partial t} \tag{5-4}$$

又

$$M=-EI\frac{\partial^2 u}{\partial x^2}$$

运动方程为

$$\frac{\partial^2\left(EI\,\frac{\partial^2 u}{\partial x^2}\right)}{\partial x^2}+C(x)\frac{\partial u}{\partial t}+\bar{m}\,\frac{\partial^2 u}{\partial t^2}=P(x,t) \tag{5-5}$$

对无阻尼体系自由振动情况

$$\frac{\partial^2\left(EI\,\frac{\partial^2 u}{\partial x^2}\right)}{\partial x^2}+\bar{m}\,\frac{\partial^2 u}{\partial t^2}=0 \tag{5-6}$$

对等截面直杆的无阻尼自由振动

$$EI\,\frac{\partial^4 u}{\partial x^4}+\bar{m}\,\frac{\partial^2 u}{\partial t^2}=0 \tag{5-7}$$

5.1.2 运动方程的求解

以无阻尼自由振动为例，由分离变量法求解偏微分方程式（5-7）。设响应 $u(x,t)$ 为振型函数与时间函数的乘积

$$u(x,t)=\phi(x)q(t) \tag{5-8}$$

式中，$\phi(x)$ 表示振动形状，不随时间变化；$q(t)$ 表示随时间变化的振动幅值。

将式（5-8）代入微分方程式（5-7）得

$$\frac{\mathrm{d}^4\phi(x)}{\mathrm{d}x^4}q(t)+\frac{\bar{m}}{EI}\phi(x)\ddot{q}(t)=0 \tag{5-9}$$

两边同时除以 $\phi(x)q(t)$，分离变量得

$$\frac{\mathrm{d}^4\phi(x)/\mathrm{d}x^4}{\phi(x)}=-\frac{\bar{m}}{EI}\frac{\ddot{q}(t)}{q(t)} \tag{5-10}$$

式中，左边仅为 x 的函数，右边仅为 t 的函数，若要对所有的 x 和 t 都成立，必须都等于一个常数。设该常数为 k^4，有

$$\frac{\mathrm{d}^4\phi(x)/\mathrm{d}x^4}{\phi(x)}=-\frac{\bar{m}}{EI}\frac{\ddot{q}(t)}{q(t)}=k^4 \tag{5-11}$$

由式（5-11）可得到两个独立的微分方程：

$$\ddot{q}(t)+\omega^2 q(t)=0 \tag{5-12}$$

$$\frac{\mathrm{d}^4\phi(x)}{\mathrm{d}x^4}-k^4\phi(x)=0 \tag{5-13}$$

式（5-12）是单自由度体系无阻尼自由振动方程，求解方法与第 3 章相同。

式（5-13）为四阶常微分方程，设其解的形式为

$$\phi(x)=A_1\mathrm{e}^{kx}+A_2\mathrm{e}^{-kx}+A_3\cos(kx)+A_4\sin(kx) \tag{5-14}$$

可写为

$$\phi(x)=B_1\mathrm{ch}(kx)+B_2\mathrm{sh}(kx)+B_3\cos(kx)+B_4\sin(kx) \tag{5-15}$$

若令

$$B_1=\frac{1}{2}(C_1+C_3)、B_2=\frac{1}{2}(C_2+C_4)、B_3=\frac{1}{2}(C_1-C_3)、B_4=\frac{1}{2}(C_2-C_4)$$

$$A_{kx}=\frac{1}{2}[\mathrm{ch}(kx)+\cos(kx)]、B_{kx}=\frac{1}{2}[\mathrm{sh}(kx)+\sin(kx)]、$$

$$C_{kx}=\frac{1}{2}[\mathrm{ch}(kx)-\cos(kx)],D_{kx}=\frac{1}{2}[\mathrm{sh}(kx)-\sin(kx)]$$

则有

$$\phi(x)=C_1A_{kx}+C_2B_{kx}+C_3C_{kx}+C_4D_{kx} \tag{5-16}$$

式中，A_{kx}、B_{kx}、C_{kx}、D_{kx} 称为影响函数，它们之间存在以下微分关系：

$$\frac{\mathrm{d}A_{kx}}{\mathrm{d}x}=kD_{kx},\frac{\mathrm{d}B_{kx}}{\mathrm{d}x}=kA_{kx},\frac{\mathrm{d}C_{kx}}{\mathrm{d}x}=kB_{kx},\frac{\mathrm{d}D_{kx}}{\mathrm{d}x}=kC_{kx} \tag{5-17}$$

当 $x=0$ 时，影响函数为

$$A_{kx}=1,A'_{kx}=0,A''_{kx}=0,A'''_{kx}=0;$$
$$B_{kx}=0,B'_{kx}=k,B''_{kx}=0,B'''_{kx}=0;$$
$$C_{kx}=0,C'_{kx}=0,C''_{kx}=k^2,C'''_{kx}=0;$$
$$D_{kx}=0,D'_{kx}=0,D''_{kx}=0,D'''_{kx}=k^3;$$

由于上述特点，常数 C_1，C_2，C_3，C_4 容易用初参数表示，以杆的左端为原点，有

$$\phi(0)=\phi_0,\phi'(0)=\phi'_0,\phi''(0)=-\frac{M_0}{EI},\phi'''(0)=-\frac{Q_0}{EI} \tag{5-18}$$

可求得

$$C_1=\phi_0,C_2=\frac{1}{k}\phi'_0,C_3=\frac{\phi''(0)}{k^2}=-\frac{M_0}{k^2EI},C_4=\frac{\phi'''(0)}{k^3}=-\frac{Q_0}{k^3EI} \tag{5-19}$$

代入式（5-16）得

$$\phi(x)=\phi_0A_{kx}+\frac{1}{k}\phi'_0B_{kx}-\frac{1}{k^2}\frac{M_0}{EI}C_{kx}-\frac{1}{k^3}\frac{Q_0}{EI}D_{kx} \tag{5-20}$$

对其求导得

$$\phi'(x)=k\phi_0D_{kx}+\phi'_0A_{kx}-\frac{1}{k}\frac{M_0}{EI}B_{kx}-\frac{1}{k^2}\frac{Q_0}{EI}C_{kx} \tag{5-21}$$

$$-\phi''(x)=\frac{M(x)}{EI}=-k^2\phi_0C_{kx}-k\phi'_0D_{kx}+\frac{M_0}{EI}A_{kx}+\frac{1}{k}\frac{Q_0}{EI}B_{kx} \tag{5-22}$$

$$-\phi'''(x)=\frac{Q(x)}{EI}=-k^3\phi_0B_{kx}-k^2\phi'_0C_{kx}+k\frac{M_0}{EI}D_{kx}+\frac{Q_0}{EI}A_{kx} \tag{5-23}$$

A_{kx}，B_{kx}，C_{kx}，D_{kx} 对应于不同的约束条件满足表 5-1 的特点。

表 5-1　不同约束条件下的端部参数

约束条件	零参数	非零参数
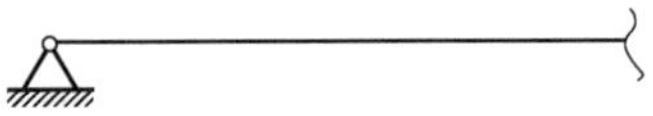 （铰支端）	$\phi_0=M_0=0$	ϕ'_0、Q_0
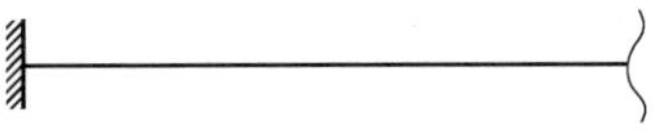 （固定端）	$\phi_0=\phi'_0=0$	M_0、Q_0
 （自由端）	$M_0=Q_0=0$	ϕ_0、ϕ'_0
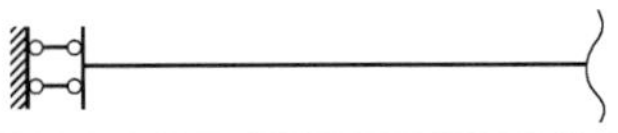 （滑动支座）	$\phi'_0=Q_0=0$	ϕ_0、M_0

由左端约束条件可确定四个初参数中的两个。根据杆右端约束条件，可以建立关于另外两个初参数的方程组，由此方程组可得到该体系的频率方程，由频率方程可解得无限多个 k 值，进而求得无限多个 ω_n 值，进一步求得振型函数 $\phi_j(x)$。这样，等截面直杆无阻尼弯曲自由振动的通解为

$$u(x,t)=\sum_{j=1}^{\infty}\phi_j(x)q_j(t) \tag{5-24}$$

式中，$\phi_j(x)$ 为第 j 阶归一化振型函数；$q_j(x)$ 可理解为第 j 振型的广义坐标。

当有外荷载时，振型函数 $\phi_j(x)$ 求解方法不变，广义坐标的 $q_j(x)$ 与第 3 章求解方法一致。

5.2 单跨梁的弯曲自由振动举例

【例 5-1】 如图 5-2 所示，求两端简支等截面直梁的振型函数。

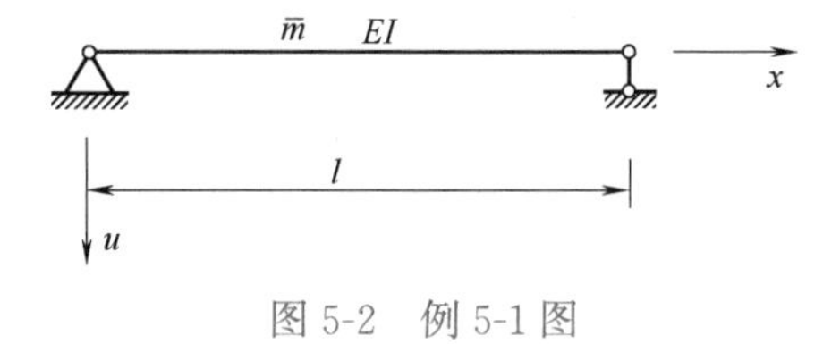

图 5-2 例 5-1 图

解： 运动方程为

$$EI\frac{\partial^4 u}{\partial x^4}+\bar{m}\frac{\partial^2 u}{\partial t^2}=0$$

分离变量得

$$\frac{\mathrm{d}^4\phi(x)}{\mathrm{d}x^4}-k^4\phi(x)=0$$

将边界条件 $\phi(0)=0$，$\phi(l)=0$，$M(0)=0$，$M(l)=0$ 代入式（5-20）～式（5-23）中的其中两式可得

$$\phi(x)=\frac{1}{k}\phi_0' B_{kx}-\frac{1}{k^3}\frac{Q_0}{EI}D_{kx}$$

$$-\phi''(x)=\frac{M(x)}{EI}=-k\phi_0' D_{kx}+\frac{1}{k}\frac{Q_0}{EI}B_{kx}$$

$x=l$ 时，有

$$\frac{1}{k}\phi_0' B_{kl}-\frac{1}{k^3}\frac{Q_0}{EI}D_{kl}=0$$

$$-k\phi_0' D_{kl}+\frac{1}{k}\frac{Q_0}{EI}B_{kl}=0$$

若 $\phi_0'=Q_0=0$ 杆无振动，因此必有

$$\begin{vmatrix}\frac{1}{k}B_{kl} & -\frac{1}{k^3}\frac{D_{kl}}{EI}\\ -kD_{kl} & \frac{1}{k}\frac{B_{kl}}{EI}_{kl}\end{vmatrix}=0,\qquad 即\ B_{kl}^2-D_{kl}^2=0$$

代入 B_{kl} 和 D_{kl} 的表达式可得

$$\frac{1}{4}[\mathrm{sh}(kl)+\sin(kl)]^2-\frac{1}{4}[\mathrm{sh}(kl)-\sin(kl)]^2=0$$

求解可得 $$\mathrm{sh}(kl)\cdot\sin(kl)=0$$

由于 $$\mathrm{sh}(kl)\neq 0$$

则必有 $$\sin(kl)=0$$

可得 $$kl=j\pi(j=0,1,2\cdots\infty),\text{即 } k_j=\frac{j\pi}{l}$$

则 $$\omega_j=k_j^2\sqrt{\frac{EI}{\bar{m}}}=\frac{j^2\pi^2}{l^2}\sqrt{\frac{EI}{\bar{m}}}$$

由频率方程或 B_{kl}、D_{kl} 的表达式可知 $$B_{kl}-D_{kl}=\frac{1}{2}\mathrm{sh}kl$$

代回特征方程组得 $$Q_0=k^2EIY'_0$$

得到振型函数为 $$\phi(x)=\frac{\phi'_0}{k}(B_{kx}-D_{kx})=\frac{\phi'_0}{k}\sin(kx)$$

各阶归一化的振型函数为 $$\phi_j(x)=\sin(k_jx)$$

振型图如图 5-3 所示。

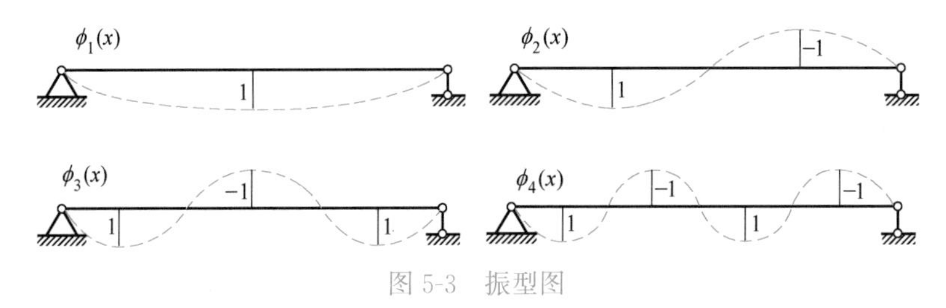

图 5-3 振型图

【例 5-2】 悬臂梁的弯曲振型

求解过程从略，悬臂梁的弯曲振型如图 5-4 所示。

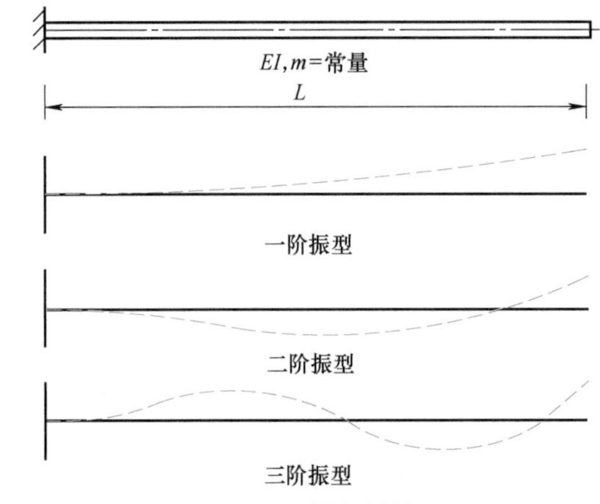

图 5-4 悬臂梁及其振型

高层建筑等自立式结构的振型，与图 5-4 所示的振型特点一致。比如，对于图 5-5 自立式的超高建筑，前几阶振型的叠加即可描述真实振动。

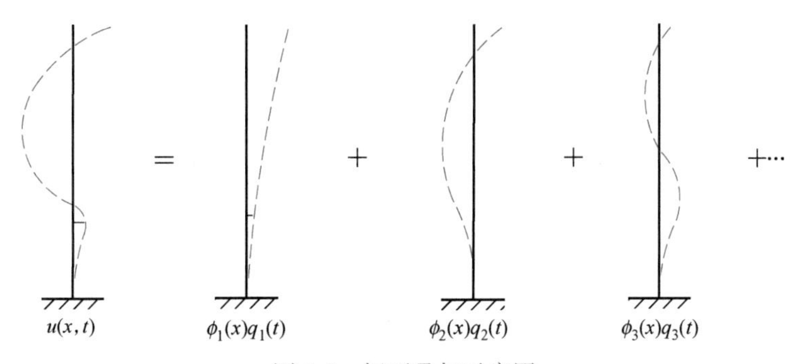

图 5-5　振型叠加示意图

若借助有限元软件模型，单元划分足够细化的情况下，求解结果与无限自由度结果一致。比如，有限元模型求得某悬臂梁的前六阶振型如图 5-6 所示。

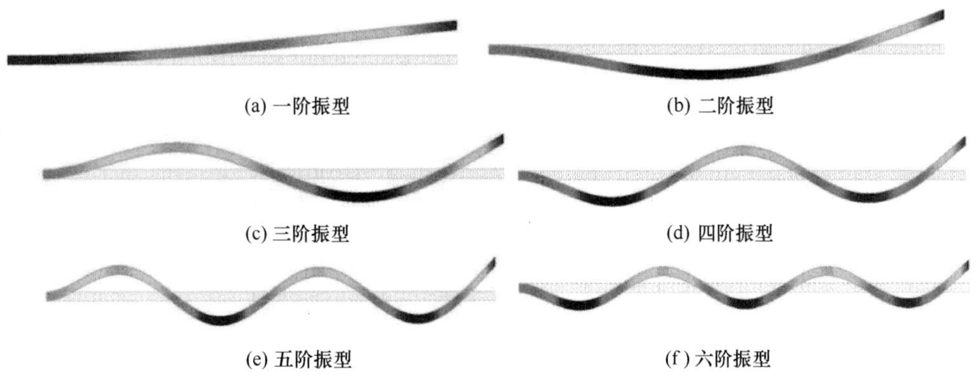

图 5-6　悬臂梁的振型图

【例 5-3】　两端固支梁的弯曲振型

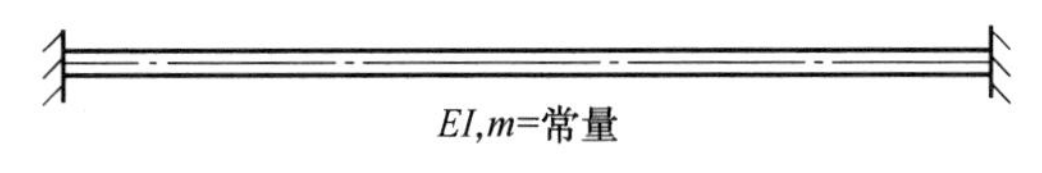

图 5-7　超静定梁

某超静定梁如图 5-7 所示，经求解，其前六阶振型如图 5-8 所示。

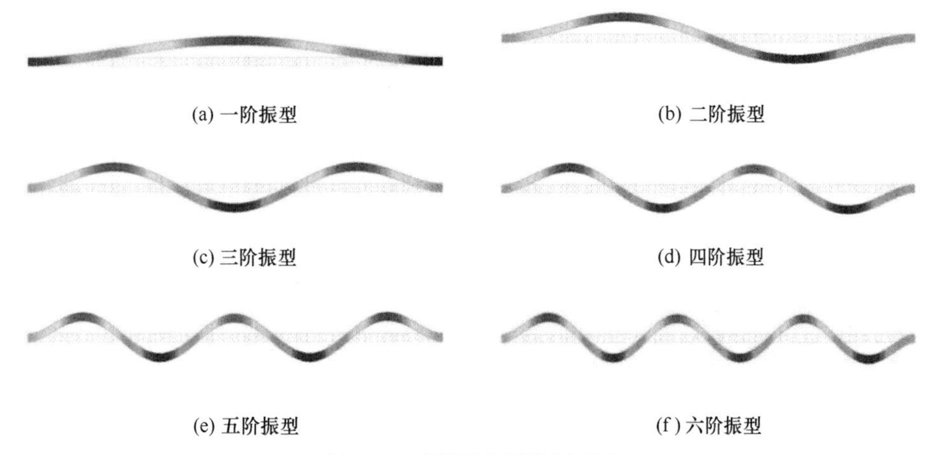

图 5-8　两端固支梁的振型图

5.3 其他连续体振动

前面两节的分析仅考虑了梁的弯曲变形，只考虑弯曲变形的梁为欧拉梁。除了梁/杆的弯曲振动外，还可能发生以下振动：

轴向振动（纵向振动）：沿杆的轴线方向伸长/缩短的振动（图 5-9）。

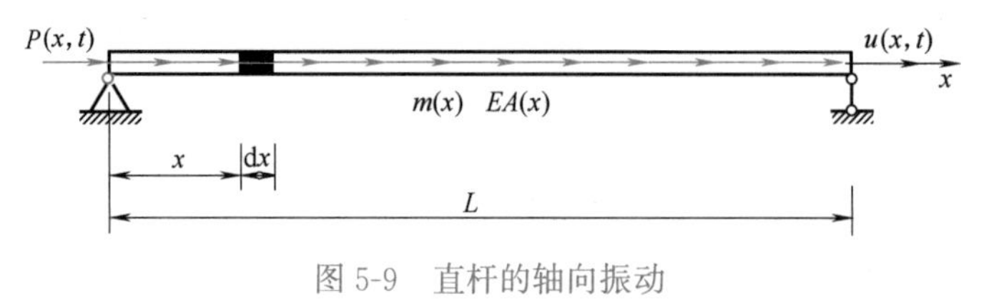

图 5-9 直杆的轴向振动

剪切振动（横向振动）：杆横截面始终与杆初始轴线保持垂直，仅做垂直于轴线的横向平动而无转动（图 5-10）。

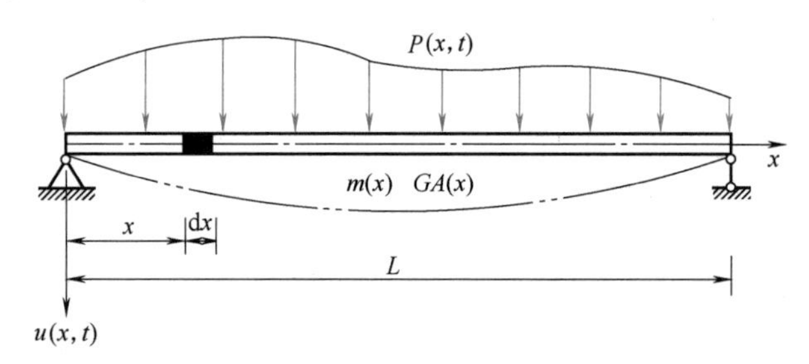

图 5-10 剪切杆的横向运动

扭转振动：圆周扭转时，每一横截面绕通过截面形心的轴线转动（图 5-11）。

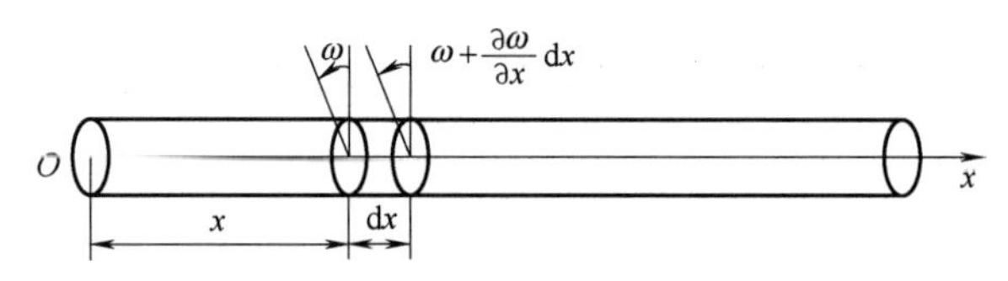

图 5-11 圆轴的扭转振动模型

除了梁/杆一类的连续体外，板和壳等结构往往也视为连续体来进行振动分析（图 5-12、图 5-13）。

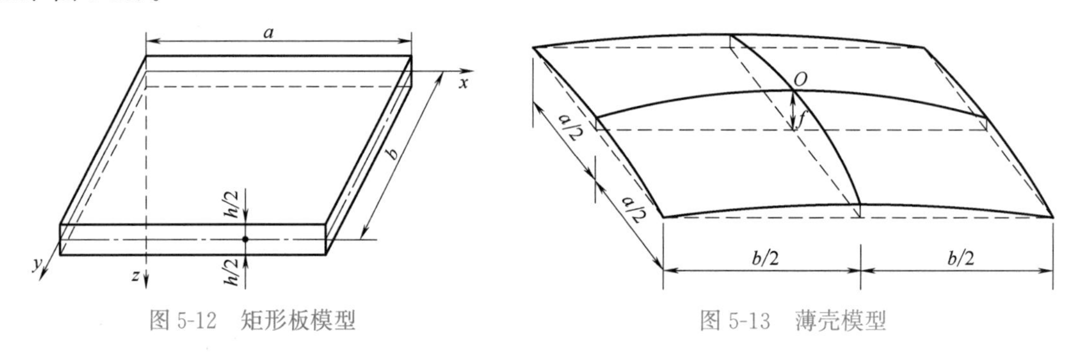

图 5-12 矩形板模型

图 5-13 薄壳模型

对于连续体的其他具体求解问题，本书不再讲述。

习　　题*

5-1　求如图 5-14 所示的均质弯曲梁的频率方程。

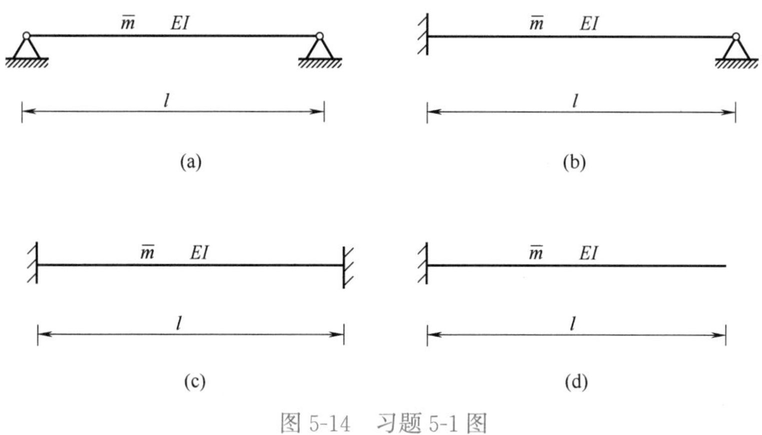

图 5-14　习题 5-1 图

5-2　如图 5-15 所示，假设某 100m 高的细柔结构可用悬臂梁近似。质量沿高均匀分布为 $\bar{m}$，弹性模型为 E，惯性矩沿高不变为 I，求该结构的前两阶频率和振型。

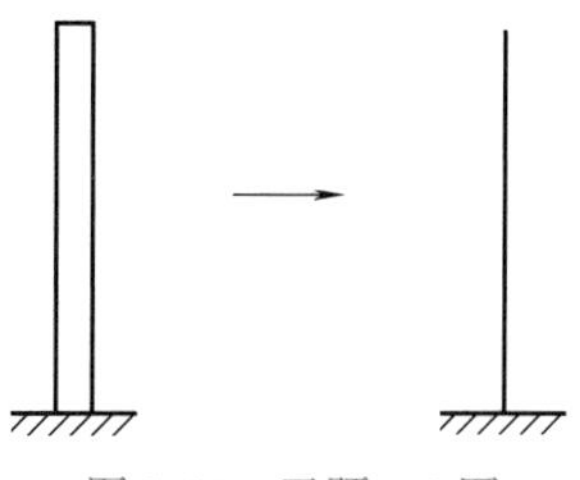

图 5-15　习题 5-2 图

第6章

随机振动简介

6.1 随机过程

6.1.1 随机过程的概念

对于随机荷载作用下的结构振动，无法预测任意时刻输入和输出的确定量。如果以某一次记录为结构设计依据，不能保证结构在未来的随机荷载作用下的安全性。只能通过对大量随机样本函数进行统计，得到不超过某一安全概率的极值，才能用来指导结构设计。每次记录的随机样本函数并不相同，多次记录所有可能实现的样本函数的集合称为随机过程。定义 $x_i(t)$ 为每次记录的样本函数，母函数 $x(t)$ 为多个样本函数的集合，即 $x(t)$ 可表示为

$$x(t)=\{x_1(t),x_2(t),\cdots,x_n(t)\} \tag{6-1}$$

随机过程的样本函数（图 6-1）越多，统计结果越准确。$x(t)$ 代表了某个随机过程，为时间的随机函数，可以是荷载或响应。随机过程可以模拟大量的自然现象，例如高层建筑在地震作用下的响应、海洋结构在海浪激励下的摇晃、输电塔在风荷载作用下的振动、路面颠簸引起车辆某位置的应力等。

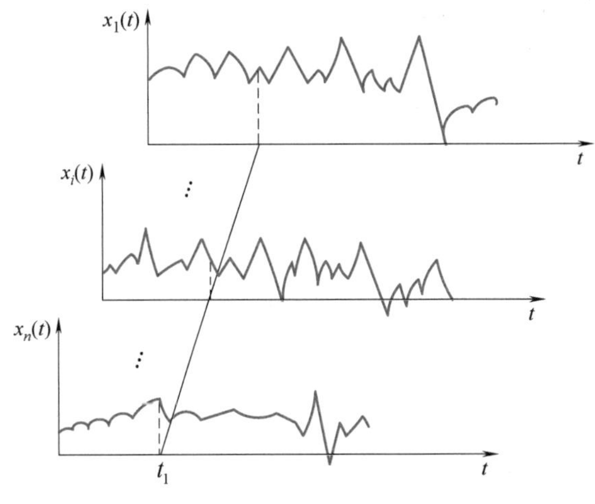

图 6-1 随机过程的样本函数

6.1.2 随机过程的简化

随机过程的统计规律既受参量 t 的影响，又受样本函数选取个数的影响。为了计算随机过程 $x(t)$ 的统计量，需要知道 $x(t)$ 尽可能多的样本函数，这是很难做到的。例如在地震记录中，条件相同的强地震记录不可能做到。如果由随机过程母函数的任一样本函数即可推算出母函数的一阶、二阶统计量，这样的随机过程，称为各态历经过程。各态历经过程是平稳随机过程的一种，对于平稳随机过程的具体概念，本书不再介绍。

6.1.3 随机过程的时域和幅域描述

随机过程的时域和幅域方面的信息包括数学期望、方差、根方差、均方值和概率密度分布等。对于各态历经过程，这些统计量可基于随机过程的其中一个样本函数来计算。比如，采用一个样本函数对时间的平均可求得数学期望

$$\overline{x}=E[x(t)]=E[x_i(t)] \tag{6-2}$$

随机过程的方差为

$$D_x = E[(x(t) - \overline{x})^2] \tag{6-3}$$

标准差为

$$\sigma_x = \sqrt{D_x} \tag{6-4}$$

均方值为

$$D'_x = E[x(t)^2] \tag{6-5}$$

工程上常把随机过程的均值处理为零，此时均方值和方差相同，方差反映了随机过程波动的剧烈程度。根据随机过程的概率密度函数，可以得到一定保证率的极值荷载或响应，进而来指导工程实际。对于高斯过程来说，其概率密度呈正态分布，一定保证率极值的计算公式为

$$\hat{x} = \overline{x} \pm \mu\sigma_x \tag{6-6}$$

上式 μ 的取值决定了保证率的大小，比如将 μ 取为 2.5，则具有 99.73%保证率，即 x 落在区间（$\overline{x} - 2.5\sigma_x, \overline{x} + 2.5\sigma_x$）的概率为 99.73%。

6.1.4 随机过程的频域描述

若一个振动信号是周期性的函数，可以用傅里叶三角级数表示：

$$P(t) = a_0 + \sum_{j=1}^{\infty} a_j \cos(j\omega t) + \sum_{j=1}^{\infty} b_j \sin(j\omega t) \tag{6-7}$$

式中，$\omega = 2\pi / T_{\mathrm{P}}$，简谐项的幅值为

$$\begin{cases} a_0 = \dfrac{1}{T_{\mathrm{P}}} \displaystyle\int_0^{T_{\mathrm{P}}} P(t)\mathrm{d}t \\ a_j = \dfrac{2}{T_{\mathrm{P}}} \displaystyle\int_0^{T_{\mathrm{P}}} P(t)\cos(j\omega t)\mathrm{d}t \\ b_j = \dfrac{2}{T_{\mathrm{P}}} \displaystyle\int_0^{T_{\mathrm{P}}} P(t)\sin(j\omega t)\mathrm{d}t \end{cases} \tag{6-8}$$

以上变换等同于把一个周期信号看成了很多个简谐项的叠加，每个简谐项的频率为 $\omega_j = j\omega$。

对于非周期函数，可以将周期视为无限长，也可以做傅里叶变换，常用复数的形式来表示：

$$X(\mathrm{i}\omega) = \int_{-\infty}^{\infty} x(t)\mathrm{e}^{-\mathrm{i}\omega t}\mathrm{d}t \tag{6-9}$$

对于上式的变化，结合欧拉公式 $\mathrm{e}^{-\mathrm{i}\omega t} = \cos(\omega t) + \mathrm{i}\sin(\omega t)$ 可以看出，非周期函数可经傅里叶变换为具有连续频率的简谐函数之和的形式，$X(\mathrm{i}\omega)$ 是复函数，它的模用 $|X(\mathrm{i}\omega)|$ 表示。同样，可以做逆傅里叶变换，将频率信息再转化成时域信息：

$$x(t) = \frac{1}{2\pi}\int_{-\infty}^{+\infty} X(\mathrm{i}\omega)\mathrm{e}^{-\mathrm{i}\omega t}\mathrm{d}\omega \tag{6-10}$$

由于式（6-9）对于一些随机过程可能是发散的，即 $x(t)$ 的傅里叶变换不存在，故常用如下傅里叶变换：

$$S_x(\omega) = \frac{1}{2\pi}\int_{-\infty}^{\infty} E[x(t)x(t+\tau)]\mathrm{e}^{-\mathrm{i}\omega\tau}\mathrm{d}\tau \tag{6-11}$$

其逆变换为

$$E[x(t)x(t+\tau)]=\int_{-\infty}^{\infty} S_x(\omega)\mathrm{d}\omega \tag{6-12}$$

式中，$S_x(\omega)$ 称为功率谱密度。当 $\tau=0$ 时有

$$E(x^2)=\int_{-\infty}^{\infty} S_x(\omega)\mathrm{d}\omega \tag{6-13}$$

根据式（6-12）可知，功率谱密度函数 $S_x(\omega)$ 曲线下面的面积等于随机过程的均方值。一般简谐振动的功率或能量与其振幅的平方或均方值成比例，所以功率谱密度是每单位频带宽度内的均方值，相当于能量，而在全频带内求总和，等于均方值 $E(x^2)$。由此可见，功率谱密度表征能量按频率的分布情况，通过对振动系统荷载或响应的功率谱分析，将有助于分析解决很多实际工程问题。

6.2 随机振动的求解

6.2.1 基本原理

本书第3.5节讲述了杜哈梅积分和脉冲响应函数，可基于该方法来求解随机振动响应，这种方法属于时域方法。本节不再介绍时域方法，只简介频域方法，频域方法在大部分情况的计算效率更高。为了将时域求解转为频域求解，需要一些推导，本节略去这些推导过程，仅介绍基本原理：脉冲响应函数建立了时域输入与输出的联系，对脉冲响应函数做傅里叶变换可得到频率响应函数，频率响应函数是频域输入与输出的桥梁，根据输入功率谱和频率响应函数可以得到输出的功率谱，从而实现频域求解。

6.2.2 求解方法

以单自由度为例，讲述随机振动的频域求解方法。

单自由度体系的运动微分方程为

$$m\ddot{x}(t)+c\dot{x}(t)+kx(t)=P(t) \tag{6-14}$$

可以改写为

$$\ddot{x}+2\xi\omega_1\dot{x}+\omega_1^2x=\frac{P(t)}{m}=F(t) \tag{6-15}$$

式中，$\omega_1=\sqrt{k/m}$ 为单自由度圆频率；$\xi=\dfrac{c}{2m\omega_1}$ 为阻尼比；m、c、k 分别为质量、黏滞阻尼系数和刚度系数；$F(t)$ 为作用于单质点处单位质量的随机荷载。

对随机荷载 $F(t)$ 做傅里叶变换可得输入功率谱，用 $S_{\mathrm{F}}(\omega)$ 表示，它与位移响应的功率谱 $S_{\mathrm{y}}(\omega)$（输出功率谱）有如下关系：

$$S_{\mathrm{y}}(\omega)=H(\mathrm{i}\omega)H(-\mathrm{i}\omega)S_{\mathrm{F}}(\omega)=|H(\mathrm{i}\omega)|^2S_{\mathrm{F}}(\omega) \tag{6-16}$$

式中，$H(\mathrm{i}\omega)$ 为频率响应函数，简称频响函数，其表达式为

$$|H(\mathrm{i}\omega)|^2=\frac{1}{\omega_1^4\left\{\left[1-\left(\dfrac{\omega}{\omega_1}\right)^2\right]^2+\left[2\xi\left(\dfrac{\omega}{\omega_1}\right)\right]^2\right\}} \tag{6-17}$$

式（6-16）是单自由度体系中随机荷载输入和位移输出之间的关系。根据该公式，由荷载的功率谱和频响函数可以求得响应的功率谱。

对于多自由度和无限自由度的求解方法，可根据前面章节所述的振型叠加法，并结合上述频域求解方法进行求解。

6.3 随机振动分析举例

6.3.1 随机过程分析举例

假设某高层建筑在随机荷载作用下的发生振动，振动位移响应时程见图 6-2。

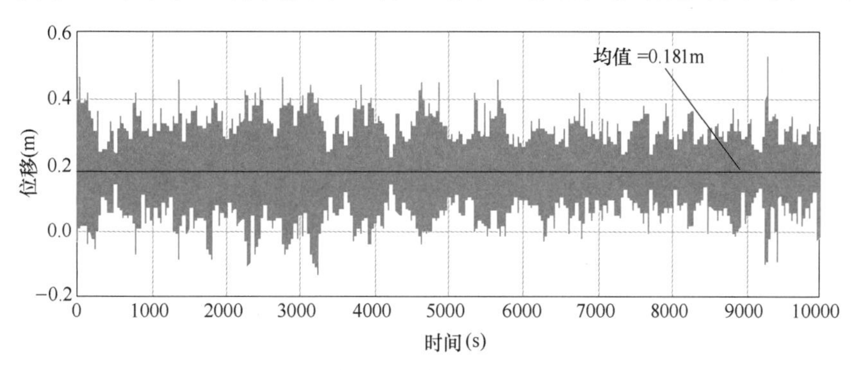

图 6-2 随机响应时程

根据响应时程，可以计算出该响应均值为 $\overline{x}=0.181\text{m}$。

将均值处理为零后，响应时程如图 6-3 所示。

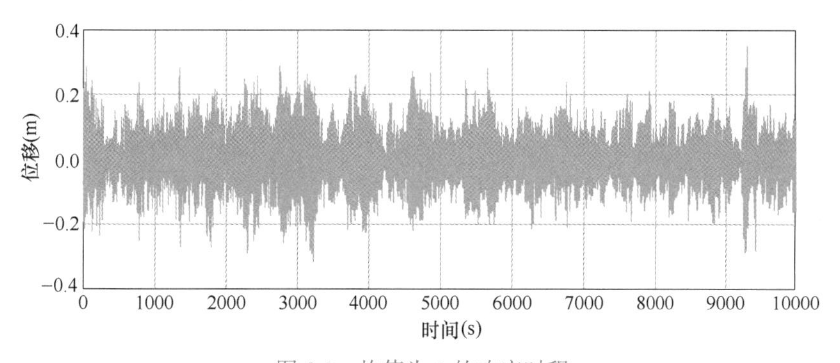

图 6-3 均值为 0 的响应时程

由于均值处理为零，图 6-3 时程的均方和方差相等，即 $D_x=D'_x=0.007\text{m}^2$。

标准差为 $\sigma_x=\sqrt{D_x}=0.084\text{m}$。

假设随机时程样本近似满足正态分布，99.73%保证率的极值为

$$\hat{x}_{\min}=\overline{x}-\mu\sigma_x=0.181-2.5\times0.084=-0.029\text{m}$$

$$\hat{x}_{\max}=\overline{x}+\mu\sigma_x=0.181+2.5\times0.084=0.391\text{m}$$

注意，极大（小）值可能小于一段时程的最大（小）值，也可能大于一段时程的最大（小）值，只有一定保证率的极值而非最值才能用于指导工程实际。

通过时程可以看出时域的一些信息，但很难看出频域信息，比如无法精确看出结构的振动频率，这一信息在工程分析中往往十分重要。如果对时程做傅里叶变换，可得到功率谱密度如下：

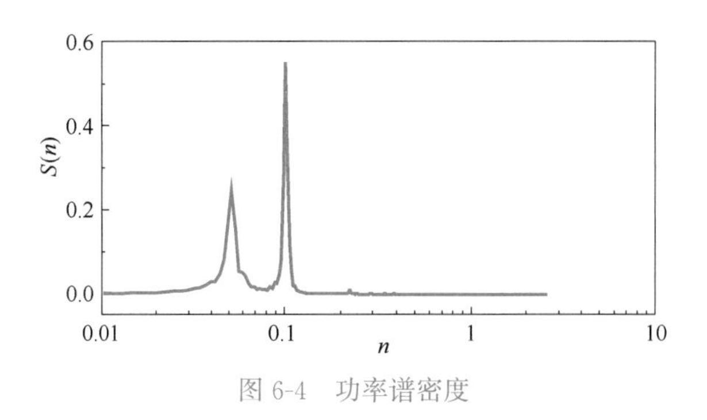

图 6-4 功率谱密度

为便于理解，图 6-4 将 $S(\omega)$ 改为 $S(n)$ 的形式，n 的单位为 Hz。同时，为了凸显低频段的能量，将横坐标采用对数坐标的形式来表示。从图 6-4 可以看出，该随机信号的振动频率都在 3Hz 以内，以频率在 0.3Hz 以内振动为主，在频率 0.04Hz、0.10Hz 和 0.25Hz 存在三个明显的峰值，说明结构振动在这三个频率附近的振动占比较大。通过积分可计算图 6-4 的功率谱密度曲线与横坐标轴所围的面积为 $0.007\mathrm{m}^2$，即响应的方差为 $0.007\mathrm{m}^2$，响应的均方根为 $\sqrt{0.007}=0.084\mathrm{m}$，这一结果与时程计算结果完全相等。

6.3.2 随机响应求解举例

假设荷载时程如图 6-5 所示，将该荷载时程作用在一个单自由度结构上（图 6-6）。该单自由度体系的自振频率为 6.84Hz，质量为 2000kg，阻尼比为 5%，求结构的位移响应均方根值。

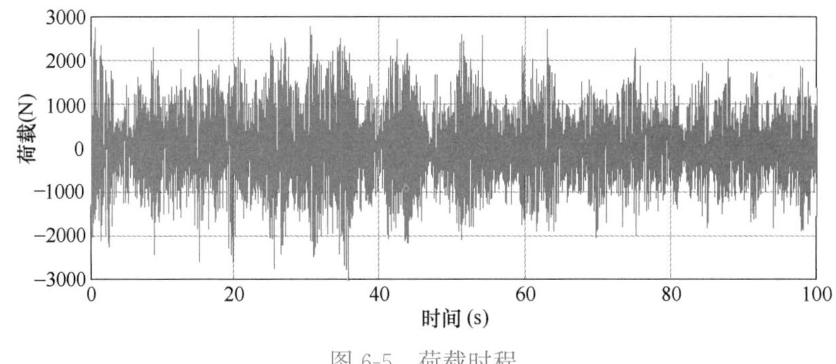

图 6-5 荷载时程

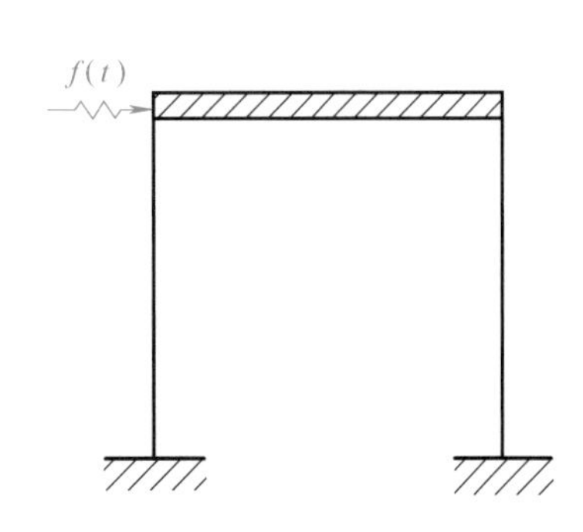

图 6-6 某单层工业厂房

如果用时域法进行求解，求解公式如下：

$$u(t)=\frac{1}{m\omega_{\mathrm{D}}}\int_0^t P(\tau)\mathrm{e}^{-\xi\omega_{\mathrm{n}}(t-\tau)}\sin\omega_{\mathrm{D}}(t-\tau)\mathrm{d}\tau$$

采用数值方法进行此杜哈梅积分，可计算得到 100s 内的响应时程。其中，前 20s 的响应时程见图 6-7。

根据响应时程可求得响应均方根值为 0.00045m。

如果对该问题用频域求解方法，首先根据式（6-14）将荷载变为 $F(t)=P(t)/m$，然后再对 $F(t)$ 做傅里叶变换，可得到荷载的功率谱密度［图 6-8（a)］。根据频响函数的计算公式，可计算出频响函数［图 6-8（b)］。

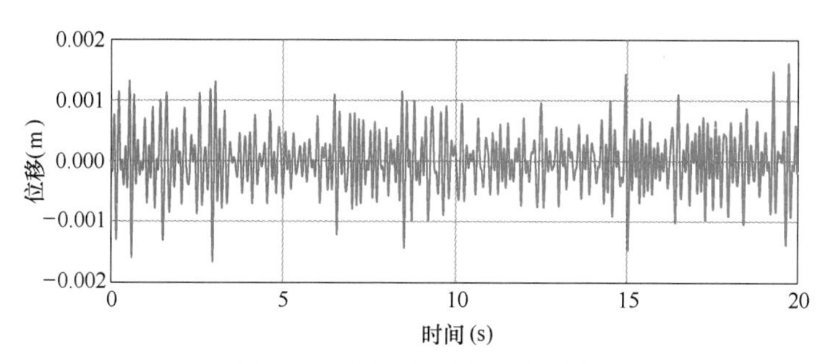

图 6-7　时域法计算的响应时程

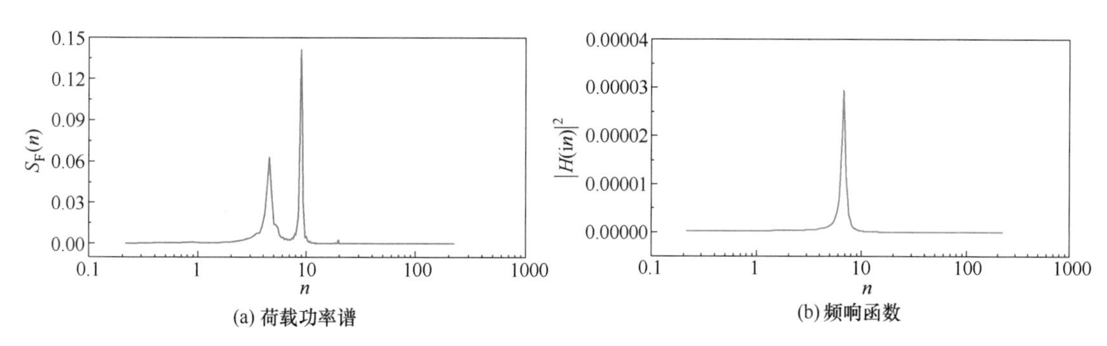

图 6-8　荷载功率谱和频响函数曲线

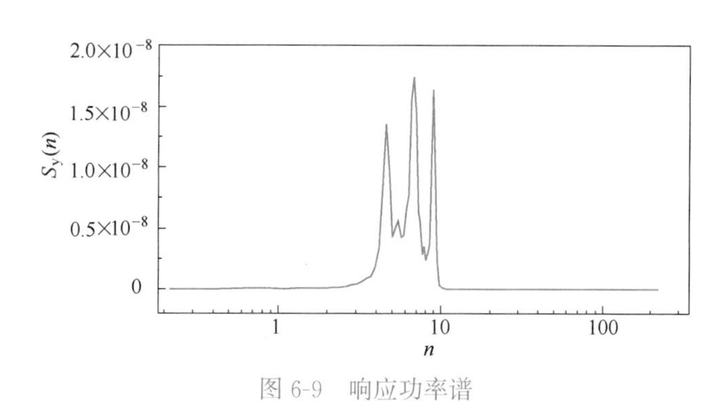

图 6-9　响应功率谱

根据式（6-15），由频响函数和输入功率谱，可计算得到响应功率谱（图 6-9）。通过积分可计算图 6-9 的功率谱密度曲线下的面积为 $1.95\times10^{-7}\mathrm{m}^2$，进而得到响应的均方根为$\sqrt{1.95\times10^{-7}}=0.00044\mathrm{m}$，这一结果与时域法所求的响应均方根 0.00045m 非常接近。

以上算例表明，时域方法和频域方法的计算结果一致。要注意的是，时域法往往计算量很大、计算效率较低，且会因积分累加而造成一定的误差，而频域法的计算量非常小，且计算精度较高。

习　　题*

6-1　单自由度系统的运动方程为 $\ddot{u}+2\xi\omega_{\mathrm{n}}\dot{u}+\omega_{\mathrm{n}}^2u=F(t)$，其中 $\xi=0.01$，$\omega_{\mathrm{n}}=$

31rad/s，$F(t)$ 为窄带随机激励，$S_F(\omega)=S_0$，ω 为 50～55rad/s，求响应的自功率谱和均方值。

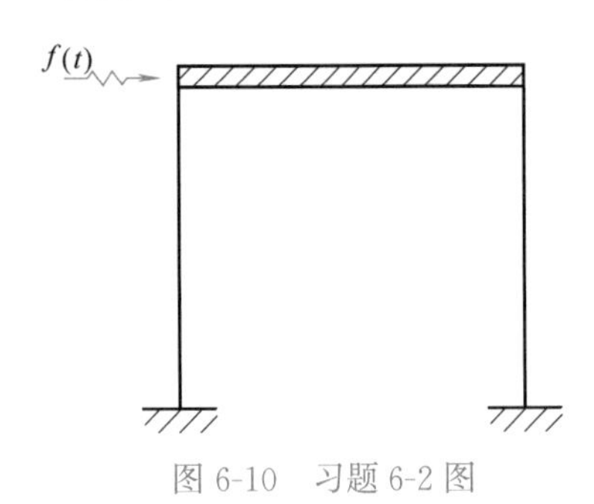

图 6-10　习题 6-2 图

6-2　如图 6-10 所示的单自由度体系，楼板刚度无穷大，刚架水平振动的频率为 1.1Hz，质量集中在楼板处，质量为 10t，阻尼比为 3%。刚架受到水平随机荷载 $f(t)$ 作用，假设该随机荷载为各态历经过程，已知 $f(t)$ 的一段时程向量如下所示，向量中每个元素的时间间隔为 0.02s。(1) 画出荷载时程曲线，判断荷载卓越频率；(2) 对荷载时程进行傅里叶变换，分析荷载频率成分；(3) 用时域方法求解刚架的位移响应均方根；(4) 用频域方法求解刚架的位移响应均方根，并与时域求解结果进行比较。

$\{f(t)\}$={−54，−63，−74，−108，−111，−88，−90，−91，−95，−105，−110，−122，−133，−131，−130，−127，−135，−139，−129，−135，−146，−135，−112，−76，−51，−42，−27，−17，−14，6，6，−7，−2，12，23，30，33，27，23，18，17，25，35，40，32，21，15，22，31，22，2，13，7，−8，−14，−13，−23，−37，−40，−50，−39，−6，4，18，37，62，77，88，94，110，122，127，105，77，91，123，126，125，119，120，130，111，102，104，108，113，112，96，84，81，75，74，67，52，38，19，−5，−29，−54，−69，−79，−91，−113，−146，−168，−169，−176，−195，−196，−220，−234，−202，−172，−162，−152，−146，−143，−133，−122，−104，−88，−83，−73，−77，−109，−114，−72，−63，−50，−43，−29，−6，7，18，30，39，53，72，91，108，121，122，118，120，117，106，102，105，98，87，68，56，35，32，39，42，30，38，33，37，49，25，27，53，67，79，88，100，99，77，76，76，58，22，17，33，39，51，43，39，47，49，51，48，63，65，59，42，25，30，30，23，8，−17，−42，−51，−55，−63，−78，−84，−72，−75，−95，−109，−125，−114，−109，−115，−108，−99，−102，−96，−106，−112，−129，−129，−113，−112，−104，−89，−69，−53，−58，−57，−45，−33，−30，−38，−46，−39，−27，−6，14，14，20，20，11，19，5，−8，−18，−13，−10，−19，−25，−29，−37，−46，−44，−39，−47，−55，−68，−75，−88，−93，−83，−80，−77，−81，−85，−83，−82，−68，−62，−55，−53，−48，−48，−25，8，41，77，112，136，147，161，172，179，175，161，140，149，170，176，177，181，175，180，185，174，162，156，159，159，165，166，154，135，117，98，80，60，30，11，−20，−43，−61，−82，−101，−113，−121，−133，−150，−169，−164，−159，−165，−161，−176，−186，−163，−141，−123，−111，−112，−109，−115，−138，−144，−151，−138，−113，−102，−95，−86，−72，−64，−66，−60，−43，−27，−15，−1，−1，6，6，2，−4，−14，−18，−19，−25，−30，−32，−31，−42，−48，−59，−61，−54，−42，−25，−22，−26，−17，2，−2，12，10，6，2，−2，9，9，7，16，26，30，38，50，65，76，81，87，100，117，121，130，144，149，165，160，150，145，151，144，123，99，91，86，81，67，62，57，54，49，30，20，17，14，18，20，17，3，−9，−13，−12，−28，−43，−49，−63，−72，−83，−92，−104，−112，−121，−123，−124，−132，−127，−129，−117，−104，−97，−94，−92，−88，−69，−58，−46，−59，−62，−62，−67，−63，−55，−57，−73，−71，−74，−63，−58，−48，−41，−37，−18，−14，−1，8，20，29，37，36，39，30，26，30，25，16，19，26，26，31，29，30，45，50，40，32，33，39，34，30，28，29，26，33，43，35，26，8，4，4，−2，−2，−5，−1，9}$\times 10^3$N

6-3　如图 6-11 所示的体系。每层楼板质量为 M，楼板刚度无穷大。楼板所受水平荷载 $P(t)$ 是均值为零的平稳过程，$S_{\mathrm{p}}(\omega)=S_0$，求该体系顶部位移响应自功率谱密度。

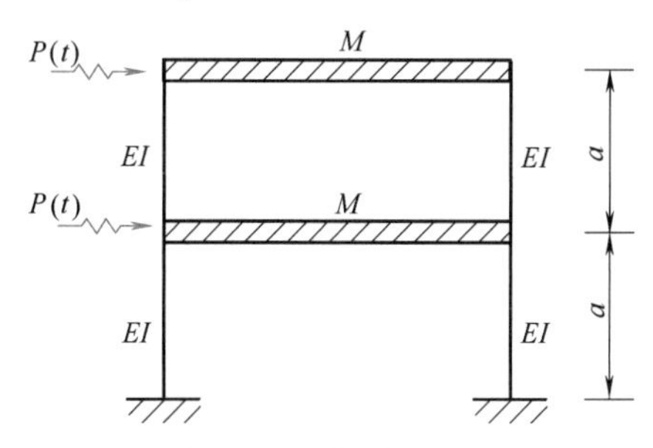

图 6-11　习题 6-3 图

6-4　一个建筑受到水平荷载的激励 $F(t)$，建筑由一个单自由度的模型来表示，其运动方程为 $m\ddot{u}+c\dot{u}+ku=F(t)$，其中 $m=200000\mathrm{kg}$，$c=8.0\mathrm{kN\cdot s/m}$，$k=3200\mathrm{kN/m}$。激励 $F(t)$ 的均值 $\mu_{\mathrm{F}}=20\mathrm{kN}$，其自谱密度为 $S_{\mathrm{F}}(\omega)=500\omega\mathrm{e}^{-\omega^2/2}(\mathrm{kN})^2/(\mathrm{rad/s})$，求荷载激励的均方值和响应的加速谱。

6-5　什么是随机变量？什么是随机过程？二者有什么关系？

6-6　什么是平稳随机过程？什么是白噪声过程？

6-7　什么是各态历经随机过程？它与平稳随机过程的关系是什么？

第7章

振动专题

7.1 建筑结构抗震

据统计，地球平均每年发生地震的次数为500万次左右，5级以上的强烈地震为1000次左右。如果强烈地震发生在人类聚居区，可能造成地震灾害。地震时，地表破坏可能引起建筑物的破坏，这种属于静力破坏。更常见的建筑物破坏是由地面运动的动力作用引起，这种属于动力破坏。为了抵御地震对建筑结构的破坏，有必要进行建筑结构的抗震分析与抗震设计。

7.1.1 基本概念

1. 地震波

地震时，地下岩体断裂、错动引发振动，振动以波的形式从震源向外传播，形成地震波。由地震波传播引发的地面振动称为地震动或地震，包括水平振动和竖向振动，本书只关注水平振动。

对于地震，一般通过记录地面运动的加速度来了解地震的特征。根据地面运动的加速度时程可看出地震持时和最大振幅［图7-1（a）］，通过最大振幅来定量反映地震动的强度特性，通过强震持续时间来考察地震动的循环作用程度。对地震波时程进行傅里叶变换，可得到地震波的功率谱密度曲线［图7-1（b）］，根据频谱曲线，可以考察地震动在各个周期（频率）段的分布情况。地震动的峰值、频率和持时通常称为地震动的三要素，与建筑结构的地震效应密切相关。

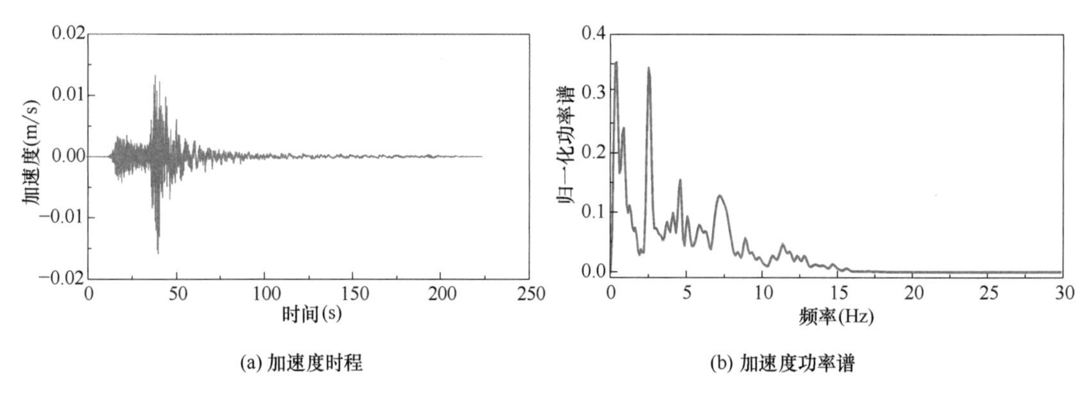

(a) 加速度时程　(b) 加速度功率谱

图7-1　地震加速度时程和功率谱

2. 震级

地震震级是表示地震大小的一种度量，表示地震本身的强弱，由震源发出的地震波能量大小决定。根据里氏震级的定义，1级地震释放能量为2.0×10^{6}J。每增加一级，能量约增加31.6倍，12级地震释放能量为6.3×10^{22}J。大于2.5级的浅震，在震中区附近的人会有感觉，称为有感地震；5级以上地震具有明显的破坏性，称为破坏性地震。世界记录的最大地震震级约为9.5级，相当于4.77亿吨的TNT或36000颗广岛原子弹的威力。

3. 烈度

同一次地震中，震级只有一个，但不同地点的地震剧烈程度不一样。通常用地震烈度来表示某一区域的地表和各类建筑遭受一次地震影响的平均强弱程度。一般来说，距离震中越远，地震烈度越低。

由于某一地区的地震烈度大小具有明显的概率分布特性，根据出现概率的大小，可以将地震分为小震、中震和大震。图 7-2 为某地区地震烈度的概率密度曲线，当分析年限取 50 年时，在概率密度曲线中，被超越概率为 63.2%所对应的烈度为小震烈度，又称多遇地震烈度；被超越概率为 10%所对应的烈度为中震烈度，又称为基本烈度；被超越概率约为 2%所对应的烈度为大震的烈度，又称为罕遇地震烈度。

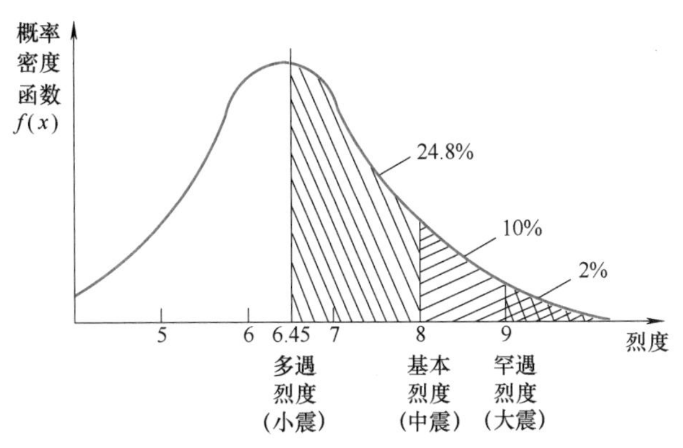

图 7-2　某地区地震烈度概率密度曲线

4. 抗震设计方法

《建筑抗震设计规范》GB 50011—2010（2016 年版）规定了三个水准抗震设防目标，三个水准简单来说是“小震不坏、中震可修、大震不倒”，这也是许多国家设计规范的建筑抗震设计基本准则。在进行建筑抗震设计时，原则上应满足三水准的抗震设防要求，在具体做法上，我国建筑抗震设计规范采用了简化的两阶段设计方法。第一阶段是按多遇地震（小震）烈度对应的地震作用效应和其他荷载效应组合，来计算设计结构的承载能力和弹性变形；第二阶段是按罕遇地震（大震）烈度对应的地震作用效应来验算结构的弹塑性变形。第一阶段设计，保证了第一水准的强度和变形要求，第二阶段设计旨在保证结构满足第三水准要求。至于第二水准的抗震设防要求，一般通过抗震构造措施来实现。

根据特定地区的抗震设防烈度、建筑类型、场地类别、设计地震分组等条件（这些内容在后续课程《建筑结构抗震设计》中有专门讲述，本书不再介绍），可以确定出一个特定建筑物抗震设计所对应的地震加速度和特征周期。有了这些参数，可以来计算建筑结构在地震作用下的响应结果。

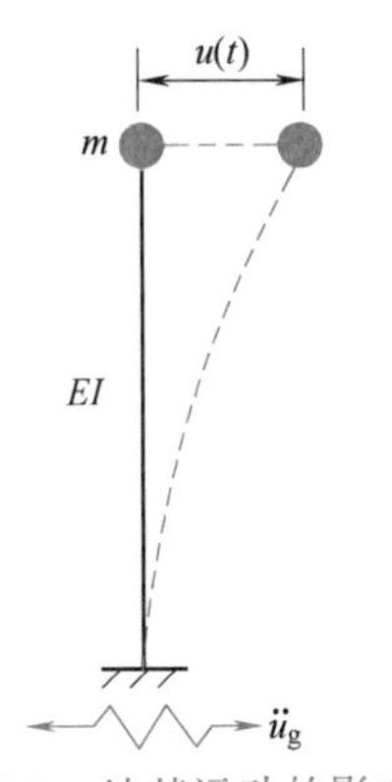

图 7-3　地基运动的影响

7.1.2　地震反应计算

在前面章节中，单自由度和多自由度体系的运动方程分别为

$$m\ddot{u}(t)+c\dot{u}(t)+ku(t)=P(t) \tag{7-1a}$$

$$[M]\{\ddot{u}\}+[C]\{\dot{u}\}+[K]\{u\}=\{P(t)\} \tag{7-1b}$$

对于结构的地震反应问题，动力反应是由地基的运动引起的。以单自由度为例，如图 7-3 所示，当地基运动时，质点的加速度由两部分组成：地基运动的加速度 $\ddot{u}_g$ 和质点相对于地基的加速度 $\ddot{u}$ 。

不考虑其他外荷载时，地震作用下的运动方程为

$$m(\ddot{u}+\ddot{u}_g)+c\dot{u}+ku=0 \tag{7-2}$$

若用等效荷载 $P_{eff}(t)$ 来代替 $m\ddot{u}_g$，$P_{eff}(t)$ 即地基运动产生的等效荷载，式（7-2）可化为

$$m\ddot{u}+c\dot{u}+ku=P_{eff}(t) \tag{7-3a}$$

对于多自由度体系，地震作用下的运动方程为

$$[M]\{\ddot{u}\}+[C]\{\dot{u}\}+[K]\{u\}=\{P_{eff}(t)\} \tag{7-3b}$$

可见，方程式（7-3）与方程式（7-1）的形式完全相同。故而，地震反应问题可以转化为等效荷载作用下基底固定的结构动力反应问题，如此所得的结构反应是相对运动，相当于结构的变形。同时，也可以求出结构的振动加速度，由此得到地震作用下结构受到的惯性力。

至于方程式（7-3）的求解方法，与第 3 章和第 4 章的方法完全相同，不再重复介绍。除了第 3 章和第 4 章的方法外，用第 6 章的频域方法也可以进行单自由度和多自由度体系地震响应的求解，对此也不再重复介绍。

7.1.3　单自由度体系水平地震作用

1. 地震作用的定义

对于结构设计来说，感兴趣的是地震时结构的最大反应。为此，将质点的最大惯性力定义为地震作用，对单自由度来说，地震作用为

$$F=m|\ddot{u}+\ddot{u}_g|_{max} \tag{7-4}$$

2. 地震反应谱

虽然通过求解方程式（7-3）可以得到相对加速度 $\ddot{u}$，进而求出绝对加速度（$\ddot{u}+\ddot{u}_g$）和地震作用力 F，但是实际应用时，为了方便求解地震作用，通常引入地震加速度反应谱的概念。地震加速度反应谱表征了地震最大绝对加速度反应与结构自振周期的关系，也简称地震反应谱，记为 $S_a(T)$。

$$S_a(T)=|\ddot{u}+\ddot{u}_g|_{max} \tag{7-5}$$

在某种确定频率和振幅的地面运动作用下，结构的最大响应可以基于前述动力学理论进行求解，经求解某地震反应谱曲线如图 7-4 所示。根据第 3 章的动力学理论，在输入确定时，体系反应受结构阻尼比和结构自振周期的影响，结构阻尼比越小，响应越大；结构自振周期与地面运动周期越接近，响应也越大，这些规律地震反应谱中均有体现。

3. 地震设计反应谱

在进行结构抗震设计时，地震动的频率、振幅和持时等参数并不确定，当这些参数变化时，图 7-4 的反应谱也随之变化。为了使地震反应谱能够用于抗震设计，需要专门研究可供结构抗震设计用的反应谱，即设计反应谱。

根据式（7-4）和式（7-5）可得

$$F=m|\ddot{u}+\ddot{u}_g|_{max}=mS_a(T) \tag{7-6}$$

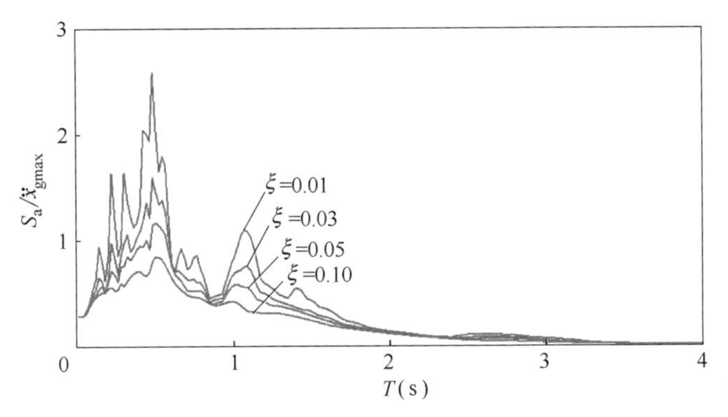

图 7-4 地震加速度反应谱

式（7-6）可改写为

$$F=mg\frac{|\ddot{x}_g|_{max}}{g}\frac{S_a(T)}{|\ddot{x}_g|_{max}}=Gk\beta(T) \tag{7-7}$$

式中，G 为体系的重量；k 为地震系数；$\beta(T)$ 为动力系数。

地震系数 k 表征了地震动幅值的大小，地震越剧烈，地震系数越大，地震系数等于地面最大加速度与重力加速度的比值：

$$k=\frac{|\ddot{x}_g|_{max}}{g} \tag{7-8}$$

动力系数的定义为

$$\beta(T)=\frac{S_a(T)}{|\ddot{x}_g|_{max}} \tag{7-9}$$

即体系最大加速度反应与地面最大加速度之比，实质为规则化的地震反应谱。地震动记录 $|\ddot{x}_g|_{max}$ 不同时，$S_a(T)$ 不具有可比性，但 $\beta(T)$ 具有可比性。

动力系数在用于结构抗震设计时，采取以下措施：

（1）取确定的阻尼比 $\xi=0.05$，因大多数实际建筑结构的阻尼比在 0.05 左右；

（2）按场地、震中距将地震动记录分类；

（3）计算每一类地震动记录动力系数的平均值。

$$\bar{\beta}(T)=\frac{\sum_{i=1}^{n}\beta_i(T)|_{\xi=0.05}}{n} \tag{7-10}$$

式中，$\beta_i(T)$ 为第 i 条地震记录计算所得动力系数。

上述措施（1）考虑了阻尼比对地震反应谱的影响，措施（2）考虑了地震动频率的主要影响因素，措施（3）考虑了地震动记录地震反应谱的变异性。由此得到的 $\bar{\beta}(T)$ 经平滑后如图 7-5 所示，可供结构抗震设计采用。

图 7-5 中 $\beta_{max}=2.25$；$\beta_0=1=0.45\beta_{max}/\eta_2$；$T_g$ 为特征周期，与场地条件和设计地震分组有关，按表 7-1 确定；T 为结构自振周期；γ 为衰减指数，$\gamma=0.9$；η_1 为直线下降段斜率调整系数，$\eta_1=0.02$；η_2 为阻尼调整系数，$\eta_2=1.0$。

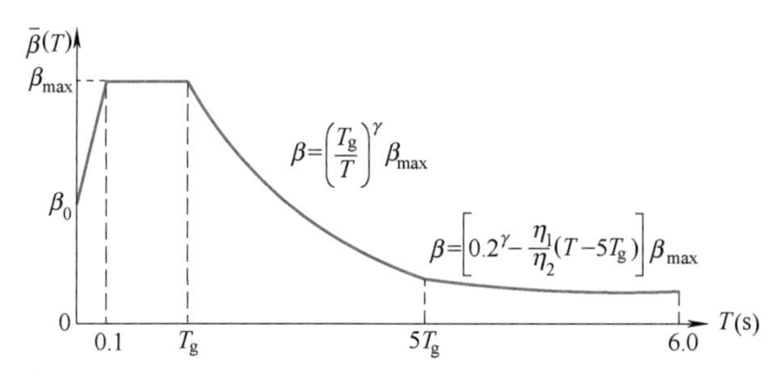

图 7-5 动力系数谱曲线

表 7-1 特征周期值 T_g(s)

设计地震分组	场地类别				
	I_0	I_1	Ⅱ	Ⅲ	Ⅳ
第一组	0.20	0.25	0.35	0.45	0.65
第二组	0.25	0.30	0.40	0.55	0.75
第三组	0.30	0.35	0.45	0.65	0.90

为应用方便，令

$$\alpha(T)=k\bar{\beta}(T) \tag{7-11}$$

称 $\alpha(T)$ 为地震影响系数。由于 $\alpha(T)$ 与 $\bar{\beta}(T)$ 仅相差一常系数（地震系数 k），故而，$\alpha(T)$ 的形状与 $\bar{\beta}(T)$ 相同，如图 7-6 所示。

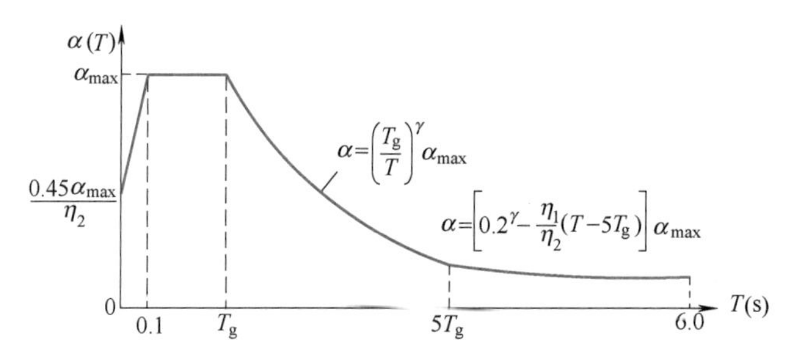

图 7-6 地震影响系数谱曲线

$$\alpha_{max}=k\beta_{max} \tag{7-12}$$

地震系数 k 的含义为地面运动加速度峰值与重力加速度的比值。地面运动加速度越大，地震烈度越大，二者的对应关系如表 7-2 所示。

表 7-2 地震系数 k 与基本烈度的关系

基本烈度	6	7	8	9
地震系数 k	0.05	0.10(0.15)	0.20(0.30)	0.40

注：括号中数值分别用于设计基本地震加速度为 $0.15g$ 和 $0.30g$ 的地区。

目前，我国建筑抗震采用两阶段设计：第一阶段进行结构强度与弹性变形验算时采用多遇地震烈度，其 k 值相当于基本烈度情况下的 1/3；第二阶段进行结构弹塑性变形验算时采用罕遇地震烈度，其 k 值相当于基本烈度情况下的 1.5～2 倍（烈度越高，k 值越小）。表 7-3 给出了各设计阶段的 α_{max} 值。

表 7-3 水平地震影响系数最大值 α_{max}

地震影响	设防烈度			
	6	7	8	9
多遇地震	0.04	0.08(0.12)	0.16(0.24)	0.32
罕遇地震	—	0.50(0.72)	0.90(1.20)	1.40

注：括号内数值分别用于设计地震加速度取 $0.15g$ 和 $0.30g$ 的地区。

当建筑结构阻尼比按有关规定不等于 0.05 时，其水平地震影响系数曲线仍按图 7-6 确定，但形状参数应作调整，具体调整方法本书不再讲述。

由式（7-7）、式（7-11）可得抗震设计时单自由度体系水平地震作用计算公式为

$$F=\alpha G \tag{7-13}$$

4. 应用举例

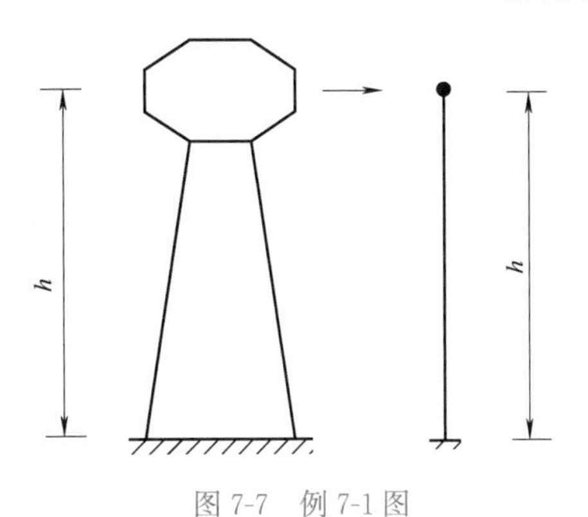

图 7-7 例 7-1 图

【例 7-1】 已知一水塔结构，可简化为单自由度体系（图 7-7），该结构自振周期为 1.99s，质量为 10000kg。结构位于Ⅱ类场地第二组，基本烈度为 7 度（地震加速度为 $0.10g$），阻尼比 $\xi=0.03$，求该结构在多遇地震下的水平地震作用。

解： 查表 7-1，$T_g=0.4$s，查表 7-3，$\alpha_{max}=0.08$。由于阻尼比不为 0.05，需对地震影响系数进行调整。经计算，$\eta_2=1.16$，$\gamma=0.942$，故地震影响系数为

$$\alpha=\left(\frac{T_g}{T}\right)^{\gamma}\alpha_{max}=\left(\frac{0.4}{1.99}\right)^{0.942}\times(0.08\times1.16)=0.0205$$

则
$$F=\alpha G=0.0205\times10000\times9.81=2011.05\text{N}$$

7.1.4 多自由度体系水平地震作用

1. 振型分解反应谱法

本书第 4 章讲述了振型分解法的原理和求解步骤，根据振型分解法，可以将多自由度方程化为多个广义单自由度方程。求解各广义单自由度方程可得到各阶振型下的地震加速度反应，将各阶加速度反应进行振型叠加，可得到多自由度体系的总加速度反应。地震作用计算是在振型叠加法的基础上，使用设计反应谱的方式来简化计算，这种方法称为振型分解反应谱法。其中，各振型设计反应谱的确定方法与 7.1.3 节完全相同。

根据地震作用的定义，将质点 i 的第 j 振型水平地震作用表达为

$$F_{ji}=m_i\gamma_j\phi_{ji}S_a(T_j) \tag{7-14}$$

进行结构抗震设计需采用设计谱，由地震影响系数设计谱与地震反应谱的关系式（7-14）可得

$$F_{ji}=(m_i g)\gamma_j\phi_{ji}\alpha_j=G_i\alpha_j\gamma_j\phi_{ji} \tag{7-15}$$

式中，G_i 为质点 i 的重量；a_j 为按体系第 j 阶周期计算的第 j 振型地震影响系数。

由振型 j 各质点水平地震作用，按静力分析方法计算，可得体系振型 j 最大地震反应。记体系振型 j 的最大地震反应（构件内力、楼层位移等）为 S_j，而该特定体系最大

地震反应为 S，则可通过各振型反应 S_j 估计 S，此称为振型组合。

由于各振型最大反应不在同一时刻发生，因此直接由各振型最大反应叠加估计体系最大反应，结果会偏大。通过随机振动理论分析，得出采用平方和开方的方法（SRSS法）估计体系最大反应可获得较好的结果，即

$$S=\sqrt{\sum S_j^2} \tag{7-16}$$

2. 底部剪力法

采用振型分解反应谱法计算结构最大地震反应精度较高，但计算量较大。理论分析表明，当建筑物高度不超过 40m，结构以剪切变形为主，且质量和刚度沿高度分布较均匀时，结构的地震反应将以第一振型反应为主。假定：（1）结构的地震反应可用第一振型反应表征；（2）结构的第一振型为线性倒三角形（图 7-8），任意质点的第一振型位移与其高度成正比。

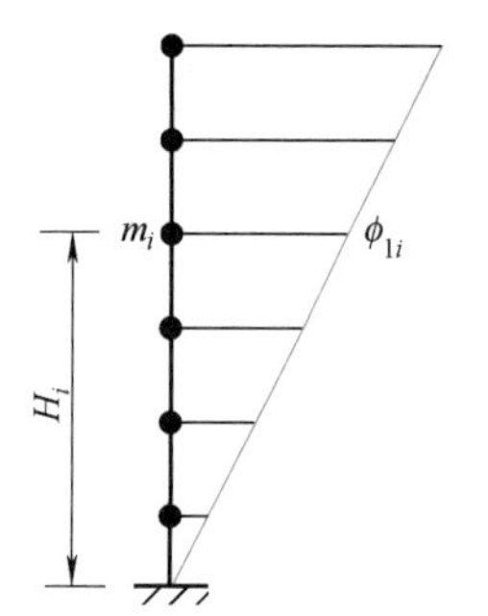

图 7-8　结构简化第一振型

$$\phi_{1i}=CH_i \tag{7-17}$$

式中，C 为比例常数；H_i 为质点 i 离地面的高度。

在此假设的基础上，再结合前述的动力学理论和一些简化处理，可以求得结构底部总剪力，然后再将其分配各质点上，关于该方法的具体过程可参见后续课程教材《建筑结构抗震设计》。

3. 时程分析法

时程分析法在数学上称逐步积分法，抗震设计中也称为“动态设计”。由结构基本运动方程输入地面加速度记录进行积分求解，以求得整个时间历程的地震反应的方法。此法输入与结构所在场地相应的地震波作为地震作用，由初始状态开始，一步一步地逐步积分，直至地震作用结束。它与底部剪力法和振型分解反应谱法的最大差别是能计算结构和构件在每个时刻的地震反应（内力和变形）。

4. 几种方法的选取

对于各类建筑结构的抗震计算，有以下指导建议：

1）高度不超过 40m、以剪切变形为主且质量和刚度沿高度分布比较均匀的结构，以及近似于单质点体系的结构，可采用底部剪力法。

2）除 1）外的建筑结构，宜采用振型分解反应谱法。

3）特别不规则的建筑、甲类建筑和高度超限的高层建筑，应采用时程分析法进行多遇地震下的补充计算；当取三组加速度时程曲线输入时，计算结果宜取时程法的包络值和振型分解反应谱法的较大值；当取 7 组及 7 组以上的时程曲线时，计算结果可取时程法的平均值和振型分解反应谱法的较大值。

7.2　结构抗风

任何工程结构，尤其高层建筑、高耸结构和大跨度桥梁等大型柔性结构，必须从设计上保证设计寿命内的抗风能力，即在风荷载作用下的安全性、适用性和可靠性。结构抗风是流体力学、结构动力学、随机振动、概率论、控制论等多门学科组成的一门交叉学科。

经过近 70 年的发展，相关成果已经进入或正在影响世界各国结构设计规范的制定，指导着现代工程结构的抗风设计。

7.2.1 风的基本概念

1. 风的形成（图 7-9）

风是地球大气层中空气的流动造成的。地球上气温高的地方空气密度小、气压低，气温低的地方空气密度大、气压高，空气由气压高的地方向气压低的地方流动，即产生了风。从全球角度来说，地球赤道附近的空气受热上升，高纬度地区的空气在气压的作用下向赤道流动，这样的风称为信风。信风的风速通常不大，约 6～8m/s。除了信风外，在局部的特定地形和气象条件下，往往可能形成超强大风，具有较大的破坏性。按风力大小，蒲福风力等级划分情况如表 7-4 所示。

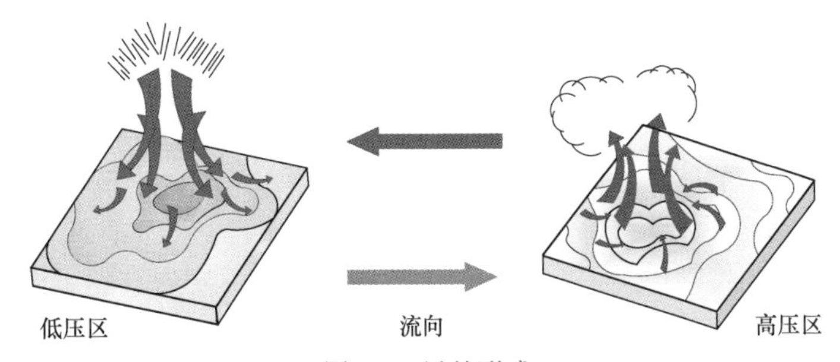

图 7-9　风的形成

表 7-4　风力等级表

风级和符号	名称	风速(m/s)	陆地物象	海面波浪	浪高(m)
0	无风	0.0～0.2	烟直上	平静	0.0
1	软风	0.3～1.5	烟示风向	微波峰无飞沫	0.1
2	轻风	1.6～3.3	感觉有风	小波峰未破碎	0.2
3	微风	3.4～5.4	旌旗展开	小波峰顶破裂	0.6
4	和风	5.5～7.9	吹起尘土	小浪白沫波峰	1.0
5	劲风	8.0～10.7	小树摇摆	中浪折沫峰群	2.0
6	强风	10.8～13.8	电线有声	大浪白沫离峰	3.0
7	疾风	13.9～17.1	步行困难	破峰白沫成条	4.0
8	大风	17.2～20.7	折毁树枝	浪长高有浪花	5.5
9	烈风	20.8～24.4	小损房屋	浪峰倒卷	7.0
10	狂风	24.5～28.4	拔起树木	海浪翻滚咆哮	9.0
11	暴风	28.5～32.6	损毁重大	波峰全呈飞沫	11.5
12	飓风	≥32.7	摧毁极大	海浪滔天	14.0

2. 平均风和脉动风

风速大小随机变化，不重复出现，是典型的随机变化过程。大量风速记录表明，风速可视为平稳随机过程和各态历经过程，风速的一、二阶统计量与时间 t 无关，当取足够长的风速记录时，各个样本函数的一、二阶统计量近乎相同。在此假设下，在记录时间足够长的情况下，风速时程的平均值可视为平均风速的期望值，即平均风速。风速大小在均值附近上下波动的特性称为风的脉动特性，对应的风也称为脉动风（图 7-10）。平均风是一种静荷载，不会直接造成结构振动，只会造成结构的静位移和内力，脉动风是一种随机荷载，会引起结构的随机振动。

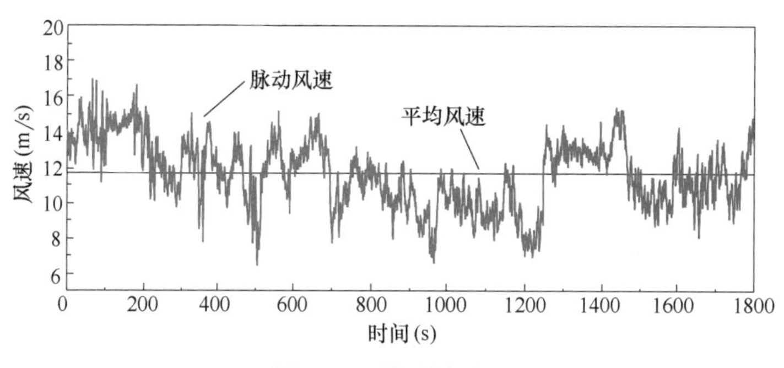

图 7-10　脉动风时程

3. 最大风速样本

由于风速随时间不断变化，通常测得的风速是某一段时间的平均值，测量时长称为风速时距。时距较短时，例如几秒钟，一般容易反映出最大的瞬时风速。时距较长时，如一天，又会将大量的低速风平均进去，得到的平均风速偏低。实践证明，由 10min 到 1h 风速的平均值基本稳定。我国规范规定，风速时距为 10min，每隔 10min 可以得到一个平均风速样本，由此可以得到日最大风平均风速和年最大平均风速。对结构设计而言，如果取日最大风速样本，1 年有 365 个样本，低风速的日子在样本空间的比例很大，1 年中的最大风速样本只占 1/365 的权重。采用月最大风速样本，1 年中的最大风速样本也只占 1/12 的权重。地球上的大气每年周期地重复一次，最大风速在很大程度上以年周期重复出现。由于结构的设计寿命一般在数十年甚至百年以上，取年最大风速为统计样本既能反映每年的极值风速又能反映以若干年为周期的极值风速，因而取年最大风速作为统计样本是合理的。

4. 最大风速重现期

如果取各年最大风速的平均值作为结构设计的依据并不合理，因为年最大风速超过该平均值的年数通常很多。在长期的气象观测中发现，超过年最大风速平均值的某一极值风速有相隔若干年重复出现的规律，这个间隔时期称为重现期，比如，“十年一遇”“百年一遇”等。从概率意义上讲，将设计风速取某一重现期为若干年的极值风速，体现了设计荷载为不超过该值的概率或保证率，即结构安全度标准，重现期越长，保证率也越高。对一般结构，设计风速重现期可取为 30 年；高层建筑和高耸结构，可取为 50 年；对特别重要的大型结构，可取为 100 年。

5. 地面粗糙度

靠近地面的风受地面各种障碍物的影响，变得非常紊乱，且风速有所降低。靠近地面 300～500m 范围内的风称为近地风，大部分建筑物是处在近地风范围内。我国将地貌条件分成四种地面粗糙度类型：A 类为海面、海边或沙漠地区，B 类乡村、田野或房屋稀疏的乡镇，C 类为建筑较多的城区，D 类建筑密度且高度较大的城区。A 类地貌的地面障碍最小，其近地风速最大、风速波动程度最小、风速沿高度增长最慢，其他地貌次之。

6. 基本风速和基本风压

在一定的地面粗糙度、测量高度、测量时距和重现期条件下确定的风速称为基本风速，相应的风压称为基本风压。我国根据B类粗糙度地貌、测量高度10m、测量时距10min条件下的风速样本来统计年最大风速，进而根据保证率计算不同重现期下的基本风速和基本风压。一般将50年重现期的最大风速称为基本风速，相应的风压称为基本风压。其他重现期和地貌条件下的基本风速和基本风压据此来换算。我国规范给出了各地区10年、50年和100年一遇的基本风压，可以直接用于结构抗风设计参数取值。

7. 风压高度变化系数

由于风速沿高度变化，因而风压也沿高度变化，可用风压高度变化系数来定义各种地貌条件的风压沿高度变化规律。风压高度变化系数为任意粗糙度下任意高度处的风压与10m标高处B类地貌基本风压之比。经过一系列换算（本书从略），可得到A、B、C、D四类地貌风压高度变化系数公式为

$$\begin{cases}\mu_{zA}(z)=1.379\left(\dfrac{z}{10}\right)^{0.24}\\ \mu_{zB}(z)=\left(\dfrac{z}{10}\right)^{0.32}\\ \mu_{zC}(z)=0.616\left(\dfrac{z}{10}\right)^{0.44}\\ \mu_{zD}(z)=1.379\left(\dfrac{z}{10}\right)^{0.60}\end{cases} \tag{7-18}$$

为了便于应用，我国荷载规范将上式制成了表格，可以直接查阅。

8. 风向

任何地区的风向并不确定，可能出现在360°范围内的任一角度，通常将风向与建筑立面的夹角称为风向角或风攻角。建筑在风荷载作用下，与风向平行方向称为顺风向，相应的响应称为顺风向响应，类似地，与风向垂直的方向称为横风向，相应的响应称为横风向响应。当来流风向与建筑立面垂直时，迎风的面称为迎风面，两侧的面称为侧风面或侧面，下游的背面称为背风面。

7.2.2 结构在平均风作用下的响应

在实际工程中，作用在建筑结构上的气流是一种钝体绕流。气流遇到建筑物受阻后向结构周边分流，经过侧面之后在背面汇合。通常而言，建筑物迎风面、侧面与背风面的压力不相同，同一面的压力分布也不均匀。同时，平均风速本身也随地貌的不同和离地面高度的不同而变化。结构上平均风压的计算必须兼顾这些因素的影响。

1. 风压系数

建筑物表面各个部分风压的大小不仅和来流的速度有关，而且与建筑物的形状、尺寸有关。各种体型的建筑物表面风压无法直接通过理论计算得到精确结果，往往通过现场实测、风洞试验或数值模拟来确定，根据实测、试验或模拟结果来形成规范，指导结构抗风设计。

建筑物表面任一位置的平均风压可表示为

$$w_i=\mu_i\,\frac{1}{2}\rho\bar{v}^2 \tag{7-19}$$

式中，w_i 和 $\bar{v}$ 分别为建筑表面 i 位置的平均风压和来流平均风速；μ_i 为 i 位置处的压力系数或风压系数。风压系数的含义为建筑表面某位置实际风压与来流动压的比值。风压系数为正表示压力，风压系数为负表示吸力。

通常来说，建筑物的风压系数有以下特点：

1）建筑物迎风面一般为正压力。压力值在该面中间部分较大，边缘部分较小。

2）建筑物背风面受负压力，整个背面的负压力分布较为均匀。

3）当风平行于建筑物的侧面时，两侧为负压力。

2. 体型系数

由于建筑物同一个面上各位置的风压系数并不相等，各位置压力系数的平均值为该面的体型系数。比如，对于如图 7-11 所示的矩形建筑物，迎风面风载体型系数可由该面均匀分布的 10 个测点的压力系数取平均值得到。如果测点布置不均匀，可将各点的实测值乘以相应的面积加权后平均。

0.70	0.90	0.71
0.79	0.99	0.79
0.80	0.99	0.81
0.66	0.86	0.66

图 7-11 各位置风压系数

$$\mu_s = \frac{\sum_{i=1}^{n} \mu_i}{n} = 0.756$$

相关规范中给出了常见建筑的体型系数，可以直接用来指导设计。规范建议值只适用于外形规则的一般建筑，当建筑物超高超长、建筑外形不规则、建筑周边干扰较多时，往往需要通过风洞试验来确定体型系数。

3. 静力风荷载

根据基本风压、体型系数和风压高度变化系数，可以计算出结构所受的静力风荷载。建筑表面某高度某位置的风压计算式为

$$w_\alpha(z) - \mu_s \mu_z(z) w_s \tag{7-20}$$

将各位置的风压乘以相应的面积，得到各位置处的风力，将各处风力进行叠加得到总风荷载。由于风压高度变化系数是连续变化的，可以采用积分的方式进行叠加，也可以采用分段的方式来进行近似叠加。

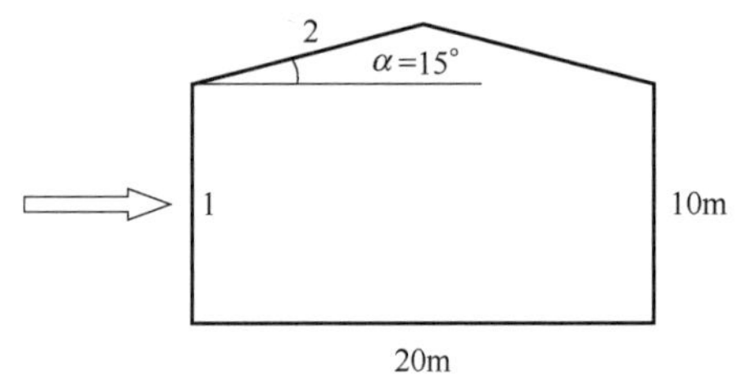

图 7-12 例 7-2 图

【例 7-2】 求如图 7-12 所示的结构 1 面和 2 面所受平均风荷载，结构平面长度和宽度为 20m，基本风压 0.5kPa，B 类地貌。

解： 查规范表得到，1 面和 2 面的体型系数分别为 0.8 和 −0.6。

1 面的总静力风荷载为

$$P_1 = \int_0^{10} \mu_s \mu_z(z) B w_0 \, dz = \int_0^{10} 0.8 \times 20 \times 0.5 \times \left(\frac{z}{10}\right)^{0.32} dz$$

2 面的总静力风荷载为

$$P_2=\int_{10}^{10+10\tan\alpha}\mu_s\mu_z(z)Bw_0/\sin\alpha\,dz=\int_0^{10}-0.6\times20\times0.5\times\left(\frac{z}{10}\right)^{0.32}/\sin\alpha\,dz$$

或者：

$$P_2=\int_0^{10/\cos\alpha}\mu_s\mu_z(z)Bw_0\,dz=\int_0^{10}-0.6\times20\times0.5\times\left(\frac{10+z\sin\alpha}{10}\right)^{0.32}dz$$

4. 结构静力响应

结构在静风荷载作用下的响应求解是静力学问题，在求得静风荷载后，可按结构力学方法求解结构内力和位移。在实际工程中，通常先计算出各位置处的风压，乘以相应的面积，得到各位置处的风力，然后将各位置风力以集中荷载的形式加到相应位置处的结构节点上。这种方式是将分布的风荷载转换成了很多个集中力，再作用到结构上。根据结构形式的不同，风荷载也常常以线荷载或面荷载的形式直接加到结构上。

【例 7-3】 一空心正方形截面的钢筋混凝土结构（图 7-13），高 50m，B 类地貌。其设计风压$w_0=0.5\text{kN/m}^2$。求静力风引起结构的基底剪力和基底弯矩。

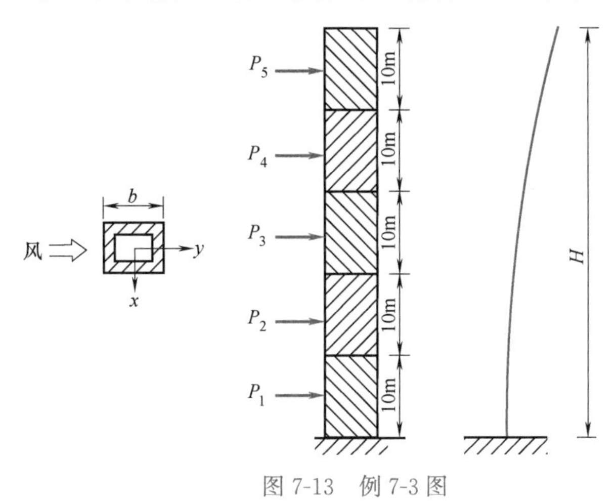

图 7-13 例 7-3 图

解：为了便于计算，沿高度分为若干段计算风荷载。由于结构为对称结构，只计算风沿 y 轴作用的顺风向静力响应。

查规范表可得，迎风面体型系数为 0.8，背风面体型系数为−0.5，二者之和为

$$\mu_y=0.8-(-0.5)=1.3$$

$$w_\alpha(z)=\mu_s\mu_z(z)w_s$$

将原结构分为五段，每段的集中荷载为

$$P_i=\mu_y\mu_z(z_i)w_0h_ib$$

式中，$h_1\sim h_5=10$，$z_i=10\times i-5$，查《建筑结构荷载规范》GB 50009—2012 表可得各高度的风压高度变化系数依次为 1.0、1.13、1.31、1.46、1.57。

代入各系数，可得各段的集中荷载为

$$P_1=1.3\times1.0\times0.5\times10=65\text{kN}$$

$$P_2=1.3\times1.13\times0.5\times10=73\text{kN}$$

$$P_3=1.3\times1.31\times0.5\times10=85\text{kN}$$

$$P_4=1.3\times1.46\times0.5\times10=95\text{kN}$$

$$P_5=1.3\times1.57\times0.5\times10=102\text{kN}$$

基底剪力为

$$Q_0=\sum_{i=1}^{5}P_i=65+73+85+95+102=420\text{kN}$$

基底弯矩为

$$M_0=\sum_{i=1}^{5}P_iz_i=65\times5+73\times15+85\times25+95\times35+102\times45=11460\text{kN}\cdot\text{m}$$

根据基底剪力和基底弯矩，结合结构的刚度，可以得到结构在静风荷载作用下的位移。

7.2.3 结构在脉动作用下的强迫振动响应

1. 结构风振响应的类型

结构的风效应包括静力效应和动力效应，静力效应由平均风引起，动力效应由风力的波动引起。动力效应十分复杂，会引起内力、变形、动力失稳、累计损伤和不能正常工作等结果。结构的风致振动包括风致强迫振动和风致自激振动。风致响应的分类见图 7-14。

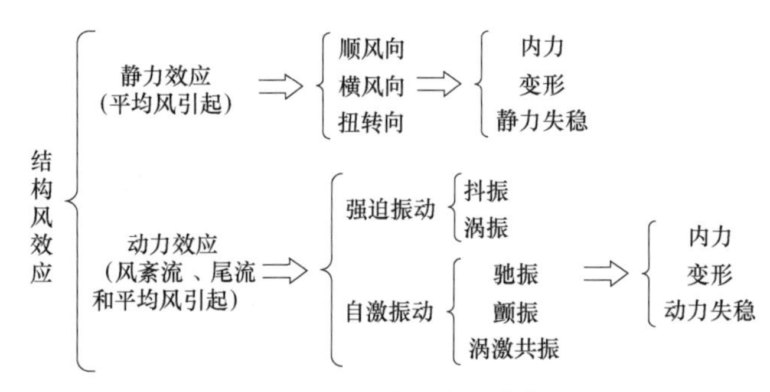

图 7-14 风致响应的分类

2. 脉动作用下的强迫振动响应计算

结构在脉动风荷载作用下的强迫振动，可由本书第 6 章的方法来进行求解，将脉动风荷载视为随机荷载，结合结构的动力特性，基于随机振动理论来计算结构的风致响应。建筑物所受的脉动风荷载由来流的脉动特性和建筑外形决定，通常根据风洞试验或一些数值算法来确定。这种计算方法是将风致振动视为了纯强迫振动，适用条件是：结构的振动响应较小，随机风荷载不会因结构的振动而发生改变。根据建筑物所受的顺风向、横风向和扭转向的三维脉动风荷载，可以计算出结构的三维随机振动响应，具体算法不再进一步讲述。结构在三维脉动风荷载作用下的强迫振动可被称为抖振。

当风流经建筑时，在建筑两侧和背后会形成随机性的旋涡，可能引起结构的横风向和扭转向振动，称为涡激振动。随机旋涡作用下结构的风致振动，仍可以按随机振动理论来计算。

3. 规范设计方法

在结构设计时，如果对每一个建筑物都通过风洞或数值方法来确定脉动风荷载并进行随机振动响应计算，需要很大的工作量和周期。对此，基于大量的研究结果，我国规范给出了设计风荷载的计算公式。

计算主要受力结构时，按下式计算：

$$w_k=\beta_z\mu_s\mu_z w_0 \tag{7-21}$$

式中，w_k 为风荷载标准值（kN/m^2）；β_z 为高度 z 处的风振系数；μ_s 为风荷载体型系数；μ_z 为风压高度变化系数；w_0 为基本风压（kN/m^2）。

结构风荷载包括静力部分和动力部分，动力荷载会引起结构的振动，从而引发惯性力，惯性力与静风力之和可看成结构受到的等效静力风荷载。风振系数的大小等于风振惯性力与静风力之比加上 1。为方便使用，规范给出了风振系数的简化计算方法。考虑风振系数后，风荷载等同于一个拟静力荷载，常称为等效静力风荷载。有了等效静力风荷载后，接下来风致内力和位移响应的计算，和上一节静风荷载作用相同，不再重复介绍。

上述算法主要用于顺风向风荷载的计算，不适用于横风向和扭转向。对于横风向和扭转向风荷载，我国规范给出了另外一套简化算法，本书不再介绍。

上述规范方法所计算的等效静力风荷载属于荷载标准值，与其他荷载组合后，可用于结构设计。需要注意的是，对于高度或跨度超限的建筑，或者外形较为复杂的大型重要建筑，一般还要进行风洞试验，对设计结果进行核验。

7.2.4 结构在脉动风作用下的自激振动响应

1. 自激振动的原因

自激振动产生的原因是动力风荷载使结构发生振动，由于流固耦合效应结构的振动又反过来影响风荷载，如此反复，振动体系从来流中不断汲取能量，使振动的幅值越来越大。自激振动类型有涡激共振、驰振和颤振等。其中，涡激共振是强迫振动和自激振动的叠加，不具有发散性，振动幅值达到一定程度后不再增长。驰振和颤振是发散性的自激振动，一旦发生则振动幅值持续增大，直至结构破坏，这种现象称为空气动力失稳。

2. 涡激共振

对于一些形状规则的结构，当风吹到结构后，会在结构两侧产生交替的旋涡（图 7-15），造成垂直于风向的有节奏的横风向力。当旋涡的节奏比较杂乱时，横风向振动主要是强迫振动。当旋涡的节奏比较有规律，且旋涡频率与结构自振频率接近时，会出现共振现象，称为涡激共振，是一种自激振动。涡激共振发生时，除了强迫振动外，结构的有节奏振动会使旋涡的发放更有规律、涡脱力更大，从而使结构振动变得更为强烈，直至达到一个稳定的水平。

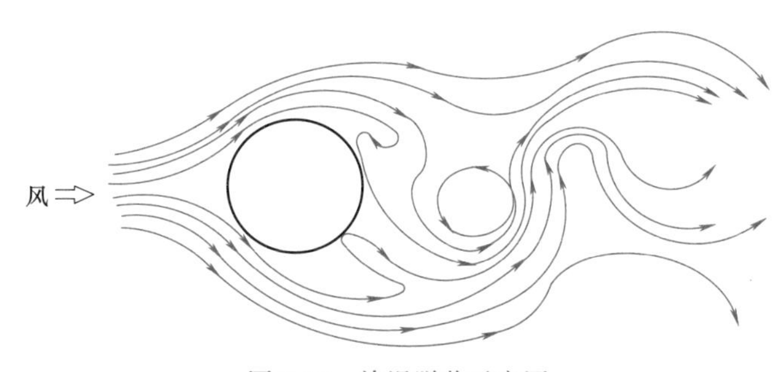

图 7-15　旋涡脱落示意图

涡激共振可能发生在超高层建筑、超高塔筒、大型桥梁等结构中，比如赛格广场大厦、虎门大桥、伏尔加河大桥等结构都曾发生过涡激共振现象，剧烈的涡激共振导致这些结构不得不进行紧急封闭检修。

3. 驰振

根据产生机理不同，驰振可以分为尾流驰振和横流驰振。如图 7-16 所示，风吹过斜拉桥的拉索时，上游拉索受波动性来流影响产生前缘分离涡流，从而激发下游结构物产生不稳定振动，斜拉桥的拉索、悬索桥吊杆最容易发生尾流驰振。横流驰振由流固耦合效应引起，结构发生振动时，流固耦合造成横风向力随振幅的增大而增大，使结构持续从外界吸收能量，振动不断发散直到失稳。横流驰振一般发生在具有棱角的非流线形截面的柔性轻质结构中，悬吊体系桥梁结构中的拉索、桥塔最有可能发生横流驰振。此外，对于高宽比较大的高层建筑也容易发生横流驰振。

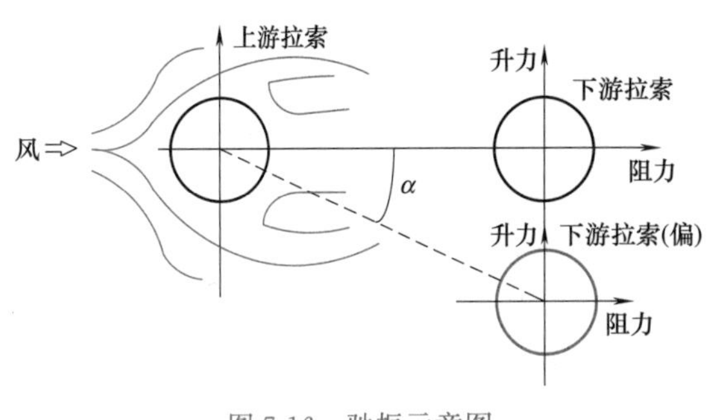

图 7-16　驰振示意图

4. 颤振

如图 7-17 所示，风从左侧吹过桥梁，由于迎风面的阻挡，会在迎风棱角处发生气流分离，在结构上下两侧形成交替的旋涡。每一侧的旋涡吸力会吸引结构发生竖向或扭转振动，当一侧的旋涡吸引结构发生运动时，另一侧的旋涡空间更大、能量更强，等同于施加了一个更大的反方向吸力。如此，一上一下的有节奏吸力会越演越烈，造成结构竖向或扭转向剧烈振动。由于竖向振动对应的结构的弯曲振动，桥梁的颤振一般表现为弯扭耦合振动。

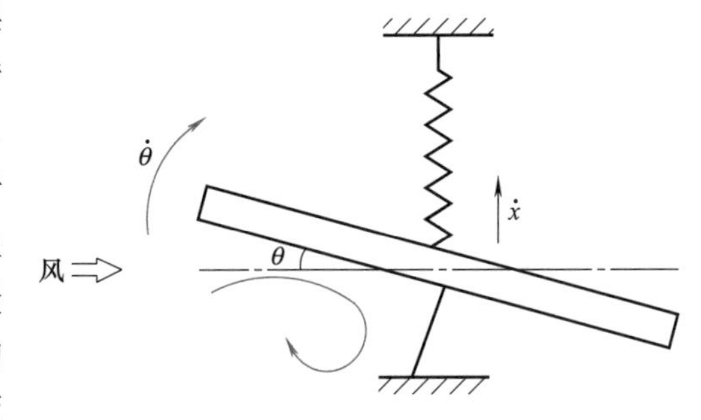

图 7-17　桥梁的颤振示意图

颤振通常出现于横截面较为扁平的结构，比如飞机机翼、悬索桥和斜拉桥等。颤振是一种发散性自激振动，会造成结构的振幅越来越大，直至结构破坏。例如，塔科马大桥的破坏是典型的颤振破坏案例。

5. 规范设计方法

关于自激振动的抗风设计方法，我国规范也给出了一些近似算法来计算等效静力风荷载，可用于直接结构的抗风设计。很多情况下，由于自激振动机理复杂，往往需要风洞试验来确定其振动结果和设计风荷载。

7.3 振动控制

前面章节讲述的是结构动力响应的计算方法，目的在于分析结构是否满足设计和工作要求。结构振动一旦超出要求，对正在设计中的结构，需要修改设计，而对正在服役的结构必须施加某种控制，在结构的特定部位设置某种控制装置或机构以减小结构的振动响应，这种对结构施加控制来减低振动的技术称为结构的振动控制技术。

7.3.1 振动控制的分类

振动控制的类型大致可以分为：被动振动控制、主动振动控制、半主动控制和混合控制。被动控制是指没有任何外部能量供给，控制力是控制装置随结构一起振动变形而被动产生的。如果将产生激振力的物体称为振源，待减振的物体称为减振体，那么通常采取的振动控制措施可以归结为三大类。

1. 隔振

在结构参数已经确定，或者已经定型的产品，或者产品、仪器和设备在运输过程中需要隔振时，可采用在振源和减振体之间插进隔振器的隔振措施。例如，仪器包装需要填充泡沫塑料，建筑结构可以通过底部隔振来减小地震作用。

2. 消振

在减振体上附加减振装置，依靠它和减振体的相互作用吸收振动系统的动能来减振，例如粘贴在发动机、火箭仪器舱壁上的高阻尼率的黏弹性材料，安装在高柔建筑物顶部的活动质量（动力吸振）等。

3. 控制激振力

通过控制振源，减小激振力，来减小激振体上的振动。例如，旋转机械可通过平衡措施减小不平衡质量产生的振动；高层建筑可通过特定的建筑外形来减小风荷载等。

上述三种措施本质上都是为了减小振动。通常可将隔振单独分出，其他两种不严格区分，统称为减振。

7.3.2 隔振（震）

工程中的隔振（震）有两种情况：

（1）控制振动的输出。例如，大型动力机器振动向建筑结构或地基中的传播；地铁车辆振动的传播。

（2）控制振动的输入。例如，地震或风荷载造成的建筑结构振动问题，在振动的结构或地基上安装精密仪器设备的隔振问题。

1. 力的传递和隔振

第一种隔振途径实际上是力的隔离，比如，使机器运动的不平衡力尽可能少地传入地基或结构中，其力学模型如图 7-18（a）所示。

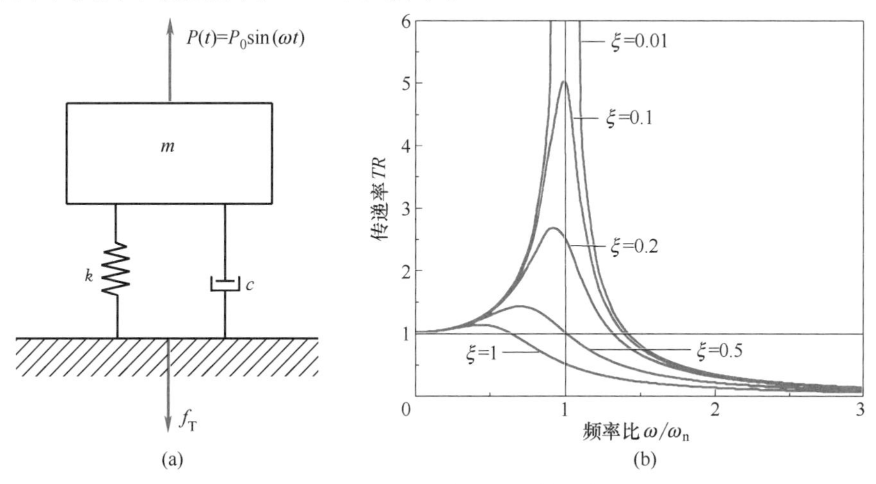

图 7-18 不同频率时力的传递率

图 7-18（a）中，$P_0\sin\omega t$ 为机器产生的不平衡力；ω 为机器的转速（角速度）；m 为机器质量；k，c 为隔振元件的总刚度和阻尼系数；f_T 为从隔振元件传到地基上的力。

通过隔振元件传递到地基的力为

$$f_T=f_S+f_D=ku+c\dot{u} \tag{7-22}$$

这是单质点体系的简谐振动问题，其解为

$$u(t)=u_{st}R_d\sin(\omega t-\varphi)$$

代入式（7-22），可得到传递地基上的力为

$$f_T(t)=u_{st}R_d[k\sin(\omega t-\varphi)+c\omega\cos(\omega t-\varphi)]$$

作用力 f_T 的最大值为

$$f_{Tmax}=u_{st}R_d\sqrt{k^2+c^2\omega^2}$$

将 $u_{st}=P_0/k$、$c=2m\omega_n\xi$ 代入上式得

$$f_{Tmax}=P_0R_d\sqrt{1+(2\xi\omega/\omega_n)^2} \tag{7-23}$$

作用于地基上的力的最大值 f_{Tmax} 与体系上作用力的幅值 P_0 之比称为传递率，是反映隔振效果的量，用传递率 TR 表示，即

$$TR=\frac{f_{Tmax}}{P_0}=\sqrt{\frac{1+[2\xi(\omega/\omega_n)]^2}{[1-(\omega/\omega_n)^2]^2+[2\xi(\omega/\omega_n)]^2}} \tag{7-24}$$

从图 7-18（b）中看到，当

$$\frac{\omega}{\omega_n}>\sqrt{2}\text{时},TR<1$$

可见，提高隔振体系的频率比 ω/ω_n 可实现隔振，此时 $TR<1$。因此，为达到隔振的目的，可以采用降低 ω_n 的办法，通过减小隔振元件刚度或增加仪器质量的方法提高隔振效果。实际的减振设计方案应在尽量小的刚度和可接受的静位移之间优化选取。

当满足 $\omega/\omega_n>\sqrt{2}$ 时，阻尼对隔振产生不利影响，但实际往往需要一定的阻尼。这是因为机器工作时运转频率 ω 由零逐渐增大，最后达到工作频率。在某一时刻，机器运转频率 ω 总要与体系自振频率重合，在这一瞬间，体系发生共振，虽然重合的时间一般不会太长，共振响应不会达到其稳态值，但也可能达到较大值，对机器的工作和隔振不利。因此，实际上隔振体系需要适宜的阻尼。

2. 基底振动的隔离

第二种隔振情况实际上是基底振动的隔离，力学模型与前者相似，如图 7-18 所示。而作用的是基底（地面）的振动位移 $u_g(t)$，质点的绝对位移为

$$u^t(t)=u(t)+u_g(t) \tag{7-25}$$

式中，$u(t)$ 为相对位移。

对基底隔振的要求是 $u^t<u_g$，即设备或结构的振动小于基底的振动。基底输入的位移时程为

$$u_g(t)=u_{g0}\sin(\omega t) \tag{7-26}$$

经推导，可以得到质点的相对位移解 $u(t)$ 为

$$u(t)=\left(\frac{\omega}{\omega_n}\right)^2R_du_{g0}\sin(\omega t-\varphi) \tag{7-27}$$

质点的总位移 $u^{\mathrm{t}}(t)$ 为

$$u^{\mathrm{t}}(t)=u(t)+u_{\mathrm{g}}(t)=u_{\mathrm{g0}}R_{\mathrm{d}}\sqrt{1+[2\xi(\omega/\omega_{\mathrm{n}})]^2}\sin(\omega t-\varphi_1) \tag{7-28}$$

质点位移的最大值为 $u_0^{\mathrm{T}}(t)=u_{\mathrm{g0}}R_{\mathrm{d}}\sqrt{1+[2\xi(\omega/\omega_{\mathrm{n}})]^2}$

由此可以得到位移的传递率 TR 为

$$TR=\frac{u_0^{\mathrm{T}}}{u_{\mathrm{g0}}}=R_{\mathrm{d}}\sqrt{1+[2\xi(\omega/\omega_{\mathrm{n}})]^2}=\sqrt{\frac{1+[2\xi(\omega/\omega_{\mathrm{n}})]^2}{[1-(\omega/\omega_{\mathrm{n}})^2]^2+[2\xi(\omega/\omega_{\mathrm{n}})]^2}} \tag{7-29}$$

可见，位移的传递率与力的传递率完全相同，说明两种隔振（震）问题本质上是一致的，其隔振（震）设计方法也基本一致。

建筑结构的隔振（震）问题与以上讨论的单质点体系有类似的地方，都是试图通过降低体系自振频率的方法来提高隔振（震）效率。也有不同的地方，建筑结构体系是多自由度体系，其隔振（震）效率的问题更复杂，而且地震和风等动力荷载是宽频带的随机过程，总有与结构自振频率相同的频率成分存在，无法通过避开卓越频率的方法来实现隔振（震）的目的，对此问题的研究已成为一个专门的课题。目前，建筑隔振（震）技术已广泛应用于实际工程中（图 7-19、图 7-20）。

图 7-19　隔振（震）支座

图 7-20　基础隔振（震）

【例 7-4】 工程场地竖向加速度为 $\ddot{u}_{\mathrm{g}}=0.1g$，振动频率为 $f=10\mathrm{Hz}$，安放一个质量 $m=50\mathrm{kg}$ 的敏感仪器，仪器固定在刚度 $k=14\mathrm{kN/m}$，阻尼系数 $c=0.168\mathrm{kN\cdot s/m}$ 的橡胶隔振垫上。(1) 求传递到仪器上的加速度；(2) 如果仪器只能承受 $0.005g$ 的加速度，给出解决方案。

解：(1) 求传递率 TR。

$$\omega_{\mathrm{n}}=\sqrt{\frac{k}{m}}=\sqrt{\frac{14}{50}\times1000}\approx16.73\mathrm{rad/s}$$

$$\frac{\omega}{\omega_{\mathrm{n}}}=\frac{2\pi\times10}{16.73}=3.75$$

体系的阻尼比 $\xi=\dfrac{c}{2\sqrt{mk}}=\dfrac{0.168}{2\sqrt{\dfrac{50}{1000}\times14}}=0.1$

代入传递率计算公式

$$TR=\sqrt{\frac{1+[2\xi(\omega/\omega_n)]^2}{[1-(\omega/\omega_n)^2]^2+[2\xi(\omega/\omega_n)]^2}}=0.091$$

$$\ddot{u}_0^t=TR\times\ddot{u}_{g0}=0.091\times0.1g=0.0091g$$

(2) 给出解决方案。降低体系的自振频率，增大 ω/ω_n 可以提高隔振频率，由于隔振垫参数不易改变，可以通过增加附加质量办法降低 ω_n，先假设附加质量 $m_b=60$kg，体系总质量 $m'=110$kg。

$$\omega_n'=\sqrt{\frac{14}{110}\times1000}\approx11.28\text{rad/s}$$

$$\frac{\omega}{\omega_n'}=\frac{2\pi\times10}{11.28}=5.57$$

增加附加质量后，体系阻尼不变，但阻尼比发生变化

$$\xi'=\frac{c}{2\sqrt{m'k}}=\frac{0.168}{2\sqrt{\frac{110}{1000}\times14}}=0.068$$

$$TR'=\sqrt{\frac{1+(2\times0.068\times5.57)^2}{(1-5.57^2)^2+(2\times0.068\times5.57)^2}}\approx0.04$$

$$\ddot{u}_0^t=TR'\times\ddot{u}_{g0}=0.04\times0.1g=0.004g$$

可见方案是成功的，$\ddot{u}_0^t=0.004g<0.005g$。

【例 7-5】 一隔振系统安装在实验室内以减轻来自相邻工厂地面振动对试验的干扰，如图 7-21 所示。如果隔振块质量为 908kg，地面振动频率为 25Hz，如果要隔振块的振动降为地面振动的 1/10，确定隔振系统弹簧的刚度（忽略阻尼）。

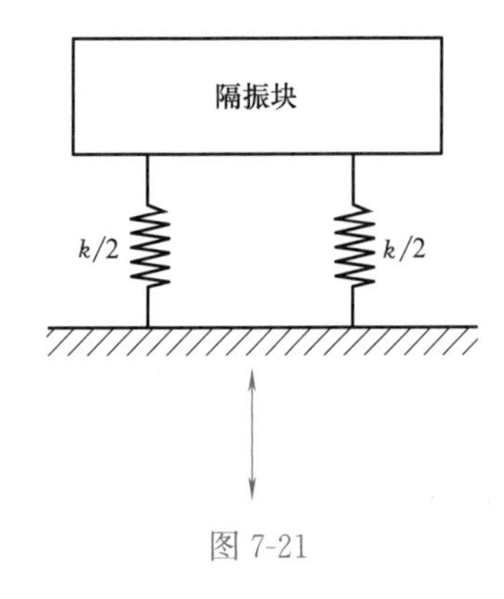

图 7-21

解：不考虑阻尼时，传递率为

$$TR=\sqrt{\frac{1+[2\xi(\omega/\omega_n)]^2}{[1-(\omega/\omega_n)^2]^2+[2\xi(\omega/\omega_n)]^2}}=\frac{1}{\sqrt{[1-(2\pi\times25/\omega_n)^2]^2}}$$

隔振块的振动降为地面振动的 1/10，传递率为 0.1，由此可解得

$$\omega_n=47.36\text{rad/s}$$

根据刚度与频率质量的关系，可得弹簧系统的刚度为

$$k=m\omega_n^2=908\times47.36^2=2036.6\text{kN/m}$$

7.3.3 减振（震）

结构消能减振（震），通常把结构中的支撑、剪力墙、连接杆等构件设计成消能构件，或在结构某些部位安装消能装置，以消耗结构振动的能量来减小振动（图 7-22、图 7-23）。在风和小震作用下，这些消能装置或构件具有足够的初始刚度，处于弹性状态，与结构主体共同抵抗风与地震作用，满足使用要求。在中震、大震作用下，结构变形增大，消能装置或构件进入弹塑性状态，产生较大的阻尼，大量消耗地震能量，迅速衰减结构的

地震反应，使主体结构避免出现明显的弹塑性变形，从而保护主体结构免遭破坏，确保主体结构的安全。

目前，消能减振（震）结构根据消能装置的不同，按构件形式可分为：消能支撑、消能剪力墙、消能节点、消能联结、悬吊构件等。按消能形式可分为：摩擦消能、钢件非弹性变形消能、材料塑性变形消能、材料黏弹性消能、液体阻尼消能、混合式消能等。消能装置或构件的作用为结构提供较大的阻尼以消耗振动能量，从而减小结构的相对动能及结构变形势能，达到减小结构振动响应、保护结构免遭损坏的目的。

图 7-22 调谐质量阻尼器

图 7-23 消能支撑

若在结构中附加一个具有一定质量、刚度和阻尼的子结构，调整子结构自振频率，使子结构产生一个与结构振动方向相反的惯性力，可以减弱主结构的振动响应，这是被动调谐减振（震）控制的基本原理。可参见本书例题 4-8。

7.4 振动利用

7.4.1 概述

振动是单个质点在平衡位置的往复运动，波动是介质中大量质点依次振动而形成的，波动中每个质点的运动是在各自的平衡位置附近做振动，各个质点的振动有先后，而且质点并不随波的传播而迁移。振动是波动的成因，波动是振动在介质中的传播，有波动必有振动，波动可以看成一种广义的振动。振动与波的利用技术自 20 世纪后半叶开始发展，目前已被广泛应用。振动利用技术与工农业生产及人类生活联系密切，可创造显著经济效益和社会效益。振动利用技术已应用在各个领域，图 7-24 列出了振动与波的一些用途。

广义角度来说，在社会与经济生活中，人口的增长与衰减、农作物灾害发生的周期性现象、社会经济发展速度的增长与衰减等，都可以归纳为不同形式的振动。在自然界及宇宙中星体的运转、月亮的圆缺、潮汐的涨落、树木的年轮等也是一定形式的振动现象。对这些振动和波动现象进行研究，找出其相应规律，并进行有效的利用，会产生重大的社会

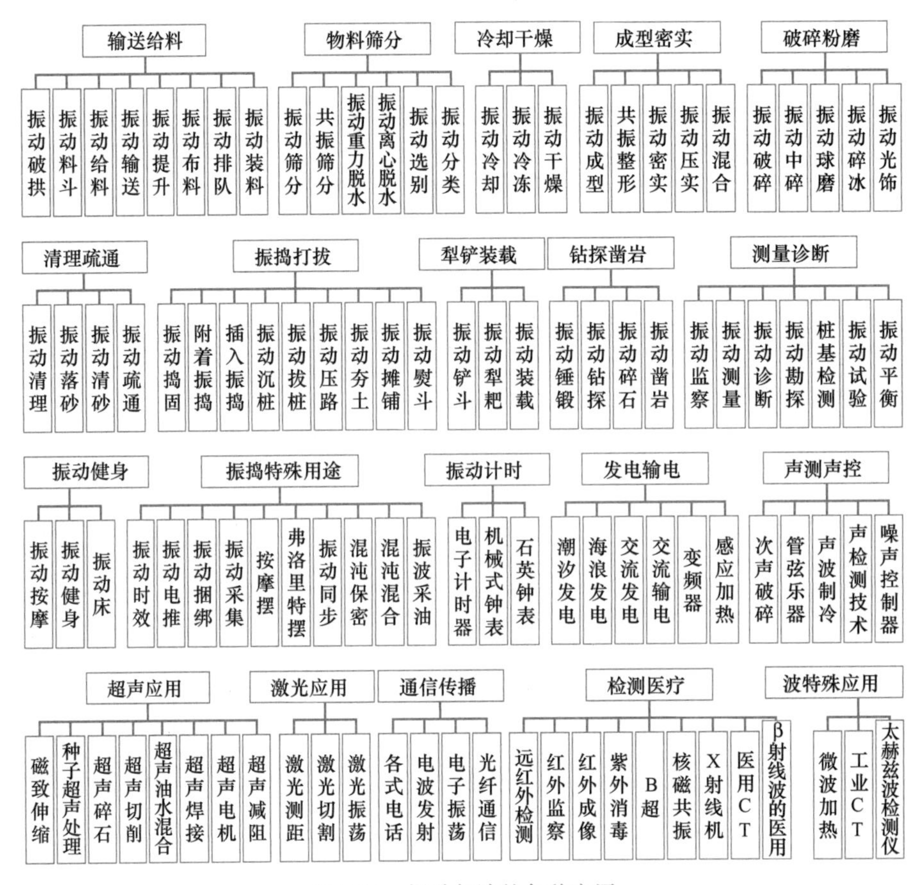

图 7-24 振动与波的各种应用

效益与经济效益。

振动与波存在于各个领域，其频率分布范围很广，比如潮汐波每天（86400s）波动1～2次，频率不到0.000002Hz，太赫兹波每秒波动次数可达万亿次，频率为0.1T～10THz。图7-25大致按频率大小简要汇总了一些振动与波的情况。振动与波的类型大致可分为：振动、波动（声波、光波等）以及电磁振荡。本节将按照这三种分类，对振动利用技术进行简要介绍。

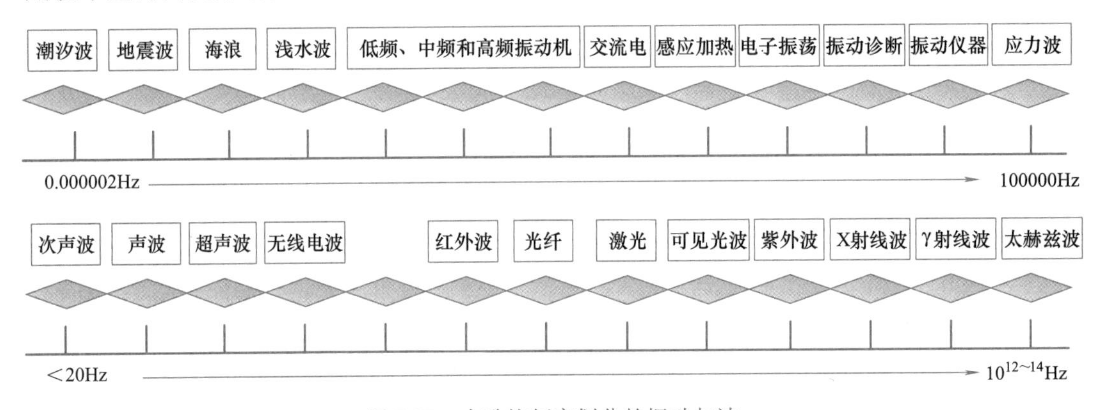

图 7-25 大致按频率划分的振动与波

7.4.2 振动机械和振动仪器

振动机械或振动仪器作为常用的设备或装置已在工农业生产中得到了广泛的应用，如采矿、冶金、煤炭、石化、机械、电力、水利、土建和医疗等部门的给料、上料、输送、筛分、布料、烘干、冷却、脱水、选分、破碎、粉磨、光饰、落砂、成型、整形、振捣、夯土、压路、摊铺、钻挖、装载、振仓、犁土、沉桩、拔桩、清理、捆绑、采油、时效、切削、检桩、检测、勘探、测试、诊断等工艺过程都是由相应的振动设备来完成。这些振动设备包括振动给料机、振动输送机、振动整形机、振动筛、振动离心脱水机、振动干燥机、振动冷却机、振动冷冻机、振动破碎机、振动球磨机、振动光饰机、振动压路机、振动摊铺机、振动夯土机、振动沉拔桩机、振捣器和激振器等。表 7-5 简单列举了一些振动机械和仪器。

表 7-5 振动机械和仪器按用途分类

类型	用途	机械或设备名称
输送给料	输送、给料、上料、布料、工件排队、破拱等	仓壁振动器、电磁振动给料机、惯性共振给料机、振动料斗、振动输送机、电磁振动输送机、惯性共振式输送机
选分烘干	筛选、选别、烘干、冷却、脱水等	电磁振动筛、惯性振动筛、共振筛、旋振筛、概率筛、振动烘干机、振动离心脱水机、脱水筛、振动选矿机、摇床
破碎清理	粉磨、破碎、落砂、碎冰、光饰、清理、疏通、除灰等	振动磨机、粗碎机、惯性振动破碎机、振动落砂机、振动装载机、振动铲斗、风铲、凿岩机
成型密实	成型、整形、密实、轧制等	振动成型机、振动整形机、振动密实机
振捣打拔	压路、摊铺、沉拔桩、捣固、夯实、挖掘、装载、凿岩等	振动压路机、振荡压路机、摊铺机、振动沉拔桩机、附着式振捣器、插入式振捣器、夯土机
试验测试	激振、试验、测试等	激振器、测试振动台、模拟振动台、动平衡试验机、疲劳试验机、机械式测振仪、各种振动电机
监测诊断	监测、诊断等	各种监测与诊断仪器和设备
其他	时效、切割、捆绑、固井等	各种用途的激振器等

下面对部分应用实例进行简单介绍如下：

（1）振动干燥

干燥是工业生产中一个复杂的工艺过程，振动流化床可以显著提升干燥效率。将固体颗粒堆在底部开孔的容器内，形成一个床层，若流体低速自上而下通过，颗粒并不运动，此种床层称为固体床。若流体速度增大到一定程度，固体颗粒会彼此离开而在流体中活动，流速越大，活动越剧烈，这种情况称为固体流化态，流化态后颗粒床层称为流化床。振动流化床是在普通流化床基础上发展起来的，其床层除受干燥气流作用外，还受到振动的作用。在流化床上施加一定振幅和频率的振动，使得机体内的物料处于悬浮沸腾的流化状态，利用对流、传导或辐射加热进行振动流化干燥作业，振动的参与使干燥效率得到极大提升（图 7-26）。

（2）振动破碎

物料的破碎是工矿企业中应用较广的一种工艺过程，大部分开采出的矿物原料都需要进行破碎和磨碎。传统破碎机存在很大局限性，当物料的抗压强度极限达到 2×10^8 Pa 时，破碎过程耗能较高或难以破碎。振动破碎工艺的发展可克服传统工艺的缺点，比如，惯性

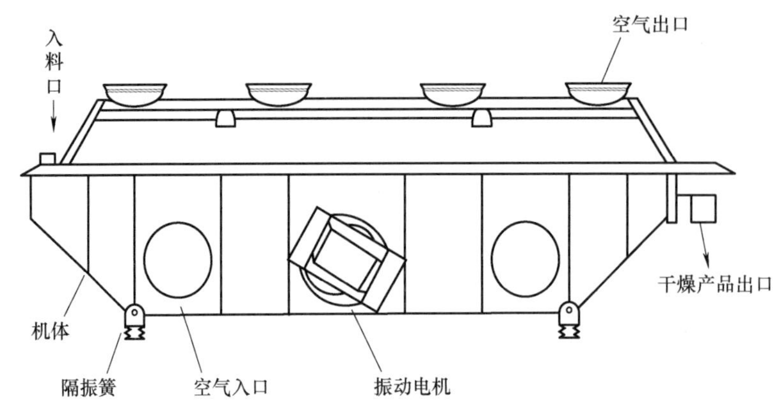

图 7-26 振动流化床示意图

振动圆锥破碎机利用偏心块产生的离心力来破碎矿石或其他物料（图 7-27），利用挤压和冲击技术使物料破碎，破碎效率远大于普通圆锥破碎机。

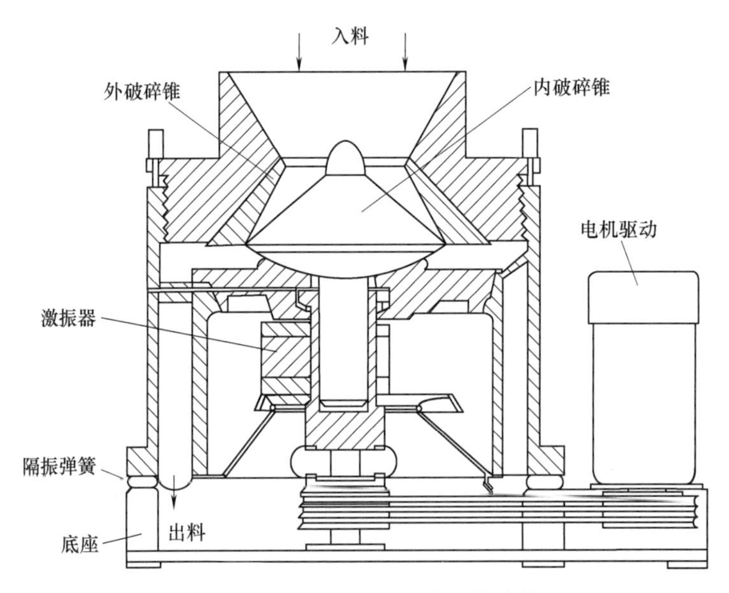

图 7-27 惯性振动圆锥破碎机构造简图

（3）振动摊铺及振动压路

振动摊铺机和振动压路机是筑路作业中的关键设备，是振动技术在筑路工程中的典型应用实例。振动摊铺机在工作过程中先将物料撒布在整个宽度上，再利用熨平机构的激振器对被摊铺物料进行熨平和压实。振动系统显著影响物料摊铺效率和密实效果，是决定摊铺质量的关键系统之一。振动压路机依靠高速旋转的偏心块产生离心力，使振动碾作受迫振动压实路面。装在偏心轴上的调幅装置用于改变振动的振幅，振动碾由装在梅花板上的驱动电机来驱动。由于在压路机中引入振动，使路面的密实度显著提高，在筑路作业中具有十分重要的意义。

（4）振动成型或整形

较之静力情况下的成型或整形，利用振动对金属、水泥、石料或其他松散物料进行成型或整形，可显著降低能耗并提高工件的质量。以食品包装整形为例，输送机将料袋送入整形机梯形槽体，槽体在激振器作用下发生振动，料袋受到振动不断冲击整形板，最终达到料袋规整的目的。在建筑领域，高速路面连续粒级碎石的整形所用到的设备也是振动整形机。振动成型或整形技术广泛应用于化工、食品、建筑等工业部门。

（5）振动时效

利用振动时效可在一定程度上消除金属构件的内部残余应力，稳定工件加工后的尺寸和形状。振动时效是通过对工件施加周期性应力，迫使工件在其共振频率范围内产生振动。这种周期性动应力反复推动金属内部结构中的金属原子错位和晶格滑移，使内应力松弛和均化。振动时效设备一般包括激振装置、测振装置和动应力控制装置。与热时效相比，振动时效具有易于操作、减少运输、缩短生产周期和节约能源等优点。

（6）医疗和体育器材

机械式振动按摩器、塑身振动机、振动训练台、振动训练杆等不同形式的健身与体育设备也利用了振动技术，目前已成为人们生活中常用的运动器具。人造心脏、心脏起搏器、振动理疗仪等，都是利用振动原理研制成功的医疗器具。

7.4.3 波动与波能的利用

波动与波能的利用是振动利用工程领域中广泛发展的一种新技术，国内外在这一方面做了大量的研究，许多成果已应用于实际，如表 7-6 所示。

表 7-6 波及波能的分类与用途

波的类型	用　途	仪器设备名称
海浪与潮汐	海浪发电、潮汐发电、潮汐运输等	海浪发电设备、潮汐发电站、潮汐运输装置与船舶等
弹性波（应力波）	振动采油、振动勘探、桩基检测、结构健康诊断等	振动采油设备、地质勘探机或勘探车、桩基检测用激振器及附属设备等
次声波与声波	设备与结构的诊断等	次声波发生器
超声波	超声电机、超声油水混合、彩超、超声粉碎结石、超声诊断等	超声电机、超声油水混合装置、超声医疗仪、彩超、超声粉碎结石仪、超声清洗机等
紫外波与微波	紫外波杀菌、微波加热、微波通信等	紫外波发生器、微波炉、微波通信设备等
可见光波	加热、激光技术、光导纤维技术等	热水器、激光加工、光导纤维通信等
红外波	加热、成像、医疗、军事监察等	加热器、热成像技术、红外医疗仪、红外军事监察设备等
X 射线波、γ 射线波与 β 射线波	医疗、诊断等	X 射线机、医用 CT、工业 CT、β 射线治疗仪及其他检测与诊断设备

下面对一些典型的应用实例给出简要介绍：

（1）海浪发电技术

海洋占地球总面积的 71%，集中了 97%的水量，这些取之不尽、长期波动的流体蕴含了巨大的能量。海浪发电的具体应用方式多种多样，本质是把波浪所产生的动能转换成电能。海浪发电没有污染，对生态环境没有影响，是极具发展潜力的清洁能源技术。目前，世界各地已有诸多海浪发电站投入运营，图 7-28 为夏威夷海浪发电站。

（2）潮汐发电技术

在海湾和感潮江口，可见到海水或江水每天有两次的涨落现象，早上的称为潮，晚上

图 7-28 夏威夷海浪发电站

的称为汐。潮汐作为一种自然现象，主要是由月球、太阳的引潮力以及地球自转效应所造成的。涨潮时，大量海水汹涌而来，具有很大的动能；同时，水位逐渐升高，动能转化为势能。落潮时，海水奔腾而归，水位逐渐下降，势能又转化为动能。海水在运动时所具有的动能和势能，统称为潮汐能。潮汐是一种蕴藏量极大、不需要开采和运输、洁净、无污染的可再生能源。在涨潮时，潮汐发电通过储水库将海水储存起来，以势能的形式保存。然后在落潮时放出海水，利用高低潮位之间的落差，推动水轮机旋转，带动发电机发电（图 7-29）。

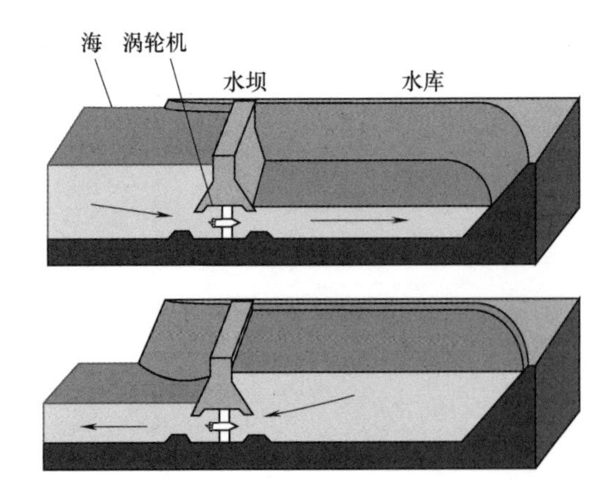

图 7-29 潮汐发电示意图

（3）振动采油技术

在进行地震预报前兆的探索中，关于地震动对油气产量的影响引起了人们的注意。在美国伊利诺伊州某油藏深达 450 多米，当火车通过地面时，油储内压力会产生波动，使产量得到提升；苏联的格罗兹内油田，在天然地震影响下，平均日产量增加 45%。我国海域地震和唐山大地震前后，胜利、大港、辽河油田的油气产量明显增加。上述种种事例使人们认识到，地表振动的压缩和膨胀波，可使油层产生附加微压力，改善原油流动性，提高原油的采收效率。

在上述现象和原理的启发下，人们研发了可控振源振动采油技术。可控振源是利用激振器控制地面振动，通过调速电机改变振源频率（如 4～40Hz）。振源置于油井附近的地面上，像一把大锤敲击地面，使地层产生强大的弹性波。由于这个弹性波的频率很低、波长大，对地层有较强的穿透能力，把振动能量传播到深几百米至上千米的油层，在这个区域内形成一个波动场。油层在波动场不断作用下产生振动效应，使原油的黏度降低、渗流加速、含水量降低，进而增加了采油效率。

(4) 超声在医疗中的应用

目前超声已被广泛应用于人体器官疾病的诊断工作中。人体正常的和有疾病的组织、器官对超声的吸收情况不同，所产生的反射规律也不同。超声诊断仪发射超声到人体内在组织中，遇到人体组织时，便会产生反射与散射，仪器接到这种信号后，加以处理，显示为波形、曲线或图像等，可供医生作为判断组织或器官健康与否的依据。

7.4.4 电、磁、光的振荡器的应用

随着科学技术的发展，特别是近年来大信息容量的卫星系统（SLC)、卫星直播电视等系统迅速发展与应用，利用振动原理制成的光、电器件和仪表也越来越多。例如，钟表中的小石英振荡器、测试用的光纤振动传感器、电子计时装置、通信系统和超声器件中使用的谐振器等。振荡器的分类和用途见表 7-7。

表 7-7 振荡器的分类和用途

振荡器的类型	用途	仪器设备名称
电子振荡器	电子表、电子挂钟、电子音乐等	电子表、电子挂钟、电子乐器、收音机、电视机、布话机、信号发生器
电磁振荡器	电话、压电陶瓷振荡电路等	电话机、振铃、磁致伸缩超声发生器、压电陶瓷振荡电路等
激光振荡器	激光振荡电路等	激光振荡器等

对一些应用案例简介如下。

1. 电子振荡器

电子振荡器是一种电子电路，可以产生周期性的振荡电子信号，通常是一个正弦波或一个矩形波。电子振荡器广泛用于不同类型的电子设备中，比如电子振荡器应用于钟表产业，使钟表产业产生了一次重大的革命，到目前为止，机械手表绝大部分已被电子表所替代。

2. 振铃电路

电子振铃的核心元件是一块专用的集成电路，是由整流电路和振荡电路构成的。输入的铃流信号经整流电路整流得到一个十几伏的直流电压输入振荡电路，振荡器发出两种频率的信号，经过低频振荡器调剂，输入给放大器，再输出给压电陶瓷片，也可经变压器进行阻抗匹配后用电动扬声器放音。随着电子技术不断在通信设备中应用，通信设备中大多采用体积小、重量轻、铃声悦耳的电子振铃电路。

3. 压电陶瓷式电磁振荡器

压电式陶瓷振荡器是一种电子元件，主要是利用振动原理产生稳定的高频信号。陶瓷振荡器主要组成部分是陶瓷晶体和电路。陶瓷晶体是具有压电效应的材料，当施加电场时，它会发生变形，从而产生机械振动，这种机械振动在陶瓷晶体内部产生电场。这个电场又会反过来影响陶瓷晶体的振动，如此反馈循环，直到达到稳定的振荡状态。陶瓷振荡

器广泛应用于无线通信、计算机、电视、音响等领域，通过振荡器产生稳定的振荡信号，来实现无线通信、控制计算机运行速度和高质量音效播放等效果。

7.4.5　自然界中的振动现象与振动规律利用

在自然界及宇宙中也到处存在着各种各样的振动，对这些振动和波动现象进行有效的利用，会产生显著的社会效益与经济效益。举例如下：

1. 气象

自然界的风、霜、雨、雪、温度和湿度变化等气象现象都是随机变化过程。比如降雨量，人们可以根据逐年雨量的统计得出的周期性规律，根据雨量的振动规律可以预估某一年度雨量的多少。

2. 水文

潮汐是一种周期性振动，它的涨落不仅依赖于月亮的位置，而且与太阳对月亮的相对位置有关系。人们可以根据月亮的圆缺来预估潮汐的涨落，同时根据月亮与太阳的相对位置可估算出太阳的引力对潮汐大小的影响，这对航海及船舶进出港的时间安排十分有用。

3. 植物

植物的生长过程也是一种周期波动。比如，树木的年轮中的疏密变化是由气候的周期性变化而引起的，从广义角度来看，也是一种振动现象。向日葵随着日落与日出日复一日地向西和向东摆动，这也是一种特殊形式的振动。对这些振动现象进行针对性分析，在适当场合（气候学、考古等）也有很大用途。

4. 动物

动物界的一些信号的传递是通过振动完成的。比如，在黑暗的蜂巢中，蜜蜂可以通过特定的动作使蜂巢产生微弱的低频振动，来传递一些特定的信息。如果人为阻止蜂巢的振动，蜜蜂在蜂巢内的信息传递将很难完成。蜂巢的蜂房形状为六角形，无数六角形蜂房紧密排列，某个蜂房振动可以引起其他蜂房的受迫振动，蜜蜂通过六条腿可以感受这种振动，从而接收同伴传递的信息。借鉴蜂房的振动特征，可能有助于建筑物的抗震设计。

7.4.6　人类社会中的振动现象与振动规律利用

人类社会中也存在着各种各样的振动现象。举例如下。

1. 经济学

经济学家可以根据国内外的经济与社会因素推断某一社会或国家经济增长或衰退情况，分析经济发展过程中的振动规律，进而提出相应措施，以减少由于某种原因给国家经济带来的损失。经济危机与金融危机的发生，也是振动现象的一种表现形式，延长经济与金融的高增长周期以及缩短经济危机与金融危机延续时间，是处理这种振动现象的有效措施之一。

股票是经济学的一个重要方面。人们可以根据外部及内部影响来推测某一种股票的涨跌，掌握股票涨跌过程的振动规律，从而做到运用自如。比如，图 7-30 为 2002—2022 年约 5000 个交易日的上证指数波动时程，从中可以看出股票大盘具有明显的周期性波动特性。如果对图 7-30 的时程做傅里叶变换，可得到股票大盘在频域的分布（图 7-31 的横坐标本为频率，为便于理解将其换算成了周期）。根据图 7-31 可以更清晰地看出，股票大盘的主要波动周期近似有 500 天、100 天、40 天、28 天、20 天等多种，即每隔约 500 个交易日会有一次大的波动，每隔约 100、40、28 或 20 个交易日也会出现不同程度的波动，长短周期波动分别可为股票的长线和短线操作提供参考。

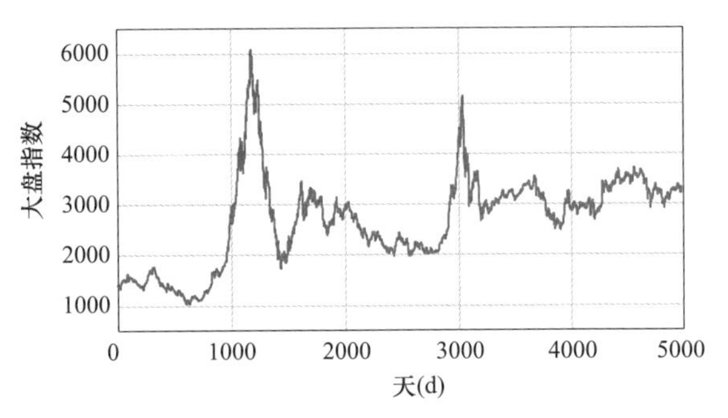

图 7-30　2002—2022 年大盘波动时程

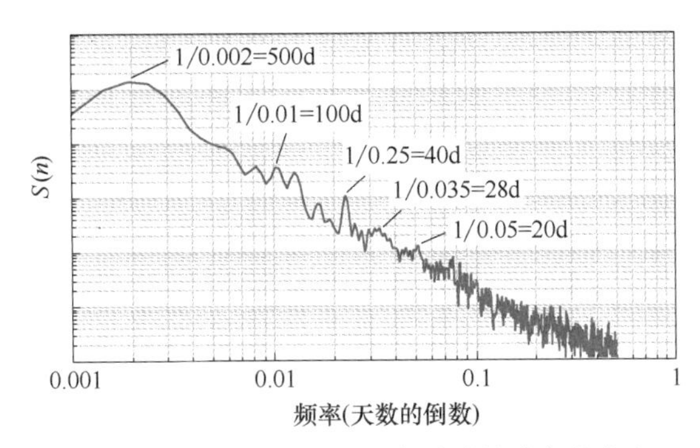

图 7-31　2002—2022 年大盘波动的功率谱密度

2. 生命科学

人类自身的各个器官每时每刻都处在振动之中，例如心脏的跳动、血液的循环、肺部的张缩、肠胃的蠕动、耳膜的振动、体温的变化和神经细胞的活动等。人体器官在不断振动的状态下，才能完成人体所赋予它们的各种特定功能。假如人体器官不符合所要求的振动规律，人体部位会出现异常的情况，即患上了某种疾病。如果某种疾病过于严重，或者患者生命终结，这些器官才会停止振动。

研究人体器官的振动规律，采集关键的振动信号，可以分析诊断出器官的健康状态和具体病症。在西医领域，这些诊断可以通过一些仪器来实现，比如心电图和脑电图测量仪、B 超、X 射线 CT、核磁共振 CT、X 光机等。在中医领域，这些诊断往往可以通过把握脉搏等方式来完成，其本质也在于分析振动规律。除了医疗诊断，部分疾病的治疗也可以利用振动原理来实现，比如心脏起搏器、人造心脏、耳聋助听器等。

习　　题*

7-1　如图 7-32 所示，某建筑物可简化为单自由度体系，设计基本加速度为 0.2g，Ⅲ类场地，设计地震分组为第一组，建筑等效质量 100t，高度 20m，$T_1=0.8$s，求该建筑结构在多遇地震下的基底剪力。

7-2　一钢筋混凝土结构，结构高 100m，等截面圆形，直径为 10m。单位高度质量为 20t/m，一阶自振周期为 2s，B 类地貌，基本风压为 0.5kN/m^2。根据建筑结构荷载规范

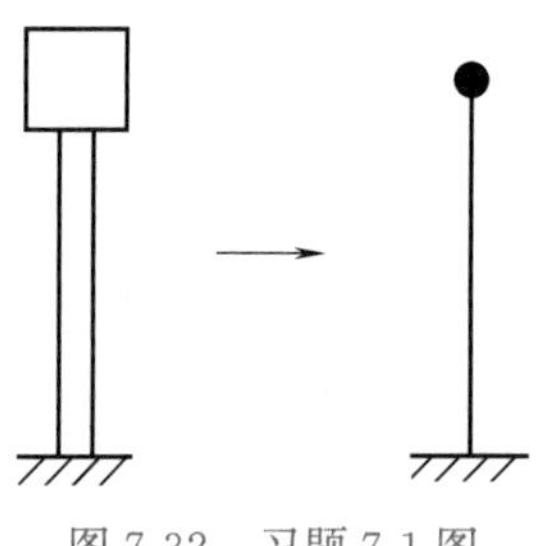

图 7-32　习题 7-1 图

计算：（1）顺风向荷载风振系数、等效风荷载和顶部顺风向设计位移；（2）横风向等效风荷载。

7-3　如图 7-33 所示，重物 $W=500\text{N}$，悬挂在刚度 $k=4\text{N/mm}$ 的弹簧上，在简谐荷载 $P(t)=P_0\sin(\omega t)$ 的作用下作竖向振动（$P_0=50\text{N}$）。已知体系阻尼系数 $c=0.05\text{N}\cdot\text{s/mm}$。（1）如果竖向振动的位移幅值要控制在 80mm 以内，需要控制简谐荷载的频率范围是多少？（2）如果简谐荷载的频率固定为 8.85rad/s，仍将竖向振动控制位移幅值在 80mm 以内，阻尼比需要增大到多少？

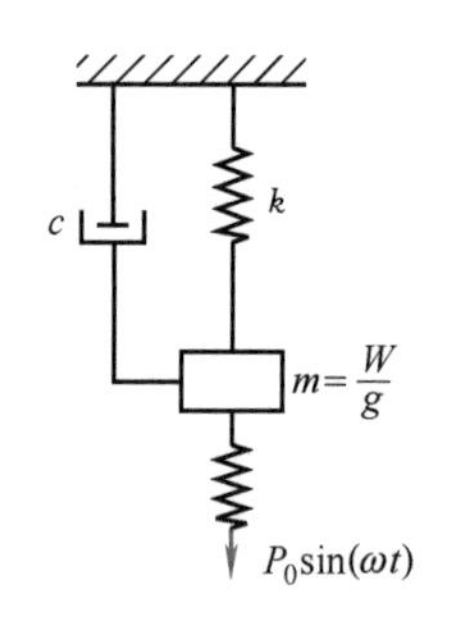

图 7-33　习题 7-3 图

7-4　某机器的转速为 1000r/min，质量为 15t，将机器固定在某厂房的二层楼板上后，机器运转造成了厂房楼板的竖向振动超标一倍，欲通过隔振器来降低楼板的振动至允许范围，请设计隔振器的刚度（不考虑阻尼）。

参考文献

［1］ Anil K. Chopra. 结构动力学：理论及其在地震工程中的应用［M］. 谢礼立，吕大刚，译. 4版. 北京：高等教育出版社，2016.

［2］ 克拉夫，彭津. 结构动力学［M］. 王光远，译. 2版. 北京：高等教育出版社，2006.

［3］ 李东旭. 高等结构动力学［M］. 北京：科学出版社，2010.

［4］ 龙驭球，包世华，袁驷，等. 结构力学［M］. 4版. 北京：高等教育出版社，2018.

［5］ 朱位秋. 随机振动［M］. 北京：科学出版社，2018.

［6］ 张相庭，王志培，黄本才，等. 结构振动力学［M］. 上海：同济大学出版社，2005.

［7］ 庄表中，梁以德. 结构随机振动［M］. 北京：国际工业出版社，1995.

［8］ 中华人民共和国住房和城乡建设部. 建筑结构荷载规范：GB 50009—2012［S］. 北京：中国建筑工业出版社，2012.

［9］ 中华人民共和国住房和城乡建设部. 建筑抗震设计规范：GB 50011—2010（2016年版）［S］. 北京：中国建筑工业出版社，2016.

［10］ 刘晶波，杜修力. 结构动力学［M］. 北京：机械工业出版社，2005.

［11］ 于开平，邹经湘. 结构动力学［M］. 哈尔滨：哈尔滨工业大学出版社，2015.

［12］ 欧进萍. 结构振动控制——主动、半主动和智能控制［M］. 北京：科学出版社，2003.

［13］ 陈政清. 工程结构的风致振动、稳定与控制［M］. 北京：科学出版社，2013.

［14］ 李国强，李杰，陈素文，等. 建筑结构抗震设计［M］. 4版. 北京：中国建筑工业出版社，2014.

［15］ 滕军. 结构振动控制的理论、技术和方法［M］. 北京：科学出版社，2009.

［16］ 闻邦椿，李以农，张义民，等. 振动利用工程［M］. 北京：科学出版社，2005.

［17］ 吕西林. 高层建筑结构［M］. 3版. 武汉：武汉理工大学出版社，2011.

［18］ 黄本才，汪从军. 结构抗风分析原理及应用［M］. 2版. 上海：同济大学出版社，2008.